ビジュアルで身につく
大人の教養

世界一わかりやすい

腕時計のしくみ

【複雑時計編】

髙木教雄

世界文化社

はじめに

２０２２年に上梓した
『世界一わかりやすい 腕時計のしくみ』の第2弾として、
この「複雑時計編」を出しませんか？
と打診されたとき、果たして需要はあるのだろうか？　と疑問に思った。
何故なら以前、数人の若い時計コレクター、それもかなりの
富裕層と話をした際、時計のメカニズムに関して驚くほどに
興味をもっていなかったからだ。彼らは、高級な
複雑時計をいくつももっていて、それらのメカニズムが
どんな働きをしてくれるのかは、もちろん分かっている。
しかし、どんなしくみで動いているのかは、まるで知らなかった。
知らなくても使えているから、それで十分なのだろう。
そして需要があるのかと疑問に思いながらも書き進めていくうち、
機械式時計は面白いなと、改めて実感した。
時計を取材対象としてから30年近くが経ち、

それなりにメカニズムを勉強してきたつもりだった。
しかし、さまざまな複雑機構のしくみを〝世界一わかりやすく〟
文章化するには、まだまだ理解し切れていないことが
いくつもあって、知識欲が刺激された。
やはり機械式時計の世界は、奥が深い。閏年の2月29日を
ＩＣも使わずにどうやって検知するのか？
時分針の位置をどのようにして正しい音の数に変換しているのか？
どうやったら2つある時計の針の一方だけを止められるのか？
理解が深まるほどに、先人の知恵と工夫に頭が下がるばかりだ。
同様に思ってくれるであろう、オタク気質の皆さんにとって、
これが入門書になってくれれば幸い。
前著と同じく編集担当の市塚忠義さんが、紹介する
複雑機構の種類とモデルを決め、写真・図面を
手配してくれた。そして多くの時計ブランドに、
ご協力いただいた。本当にありがとうございました。

高木教雄

P.134で紹介する、グランドセイコーが世界初の複雑機構を叶えたムーブメント。優れたメカニズムは、見た目も美しい。

世界一わかりやすい　腕時計のしくみ【複雑時計編】目次

TACHYMETRE
OMEGA

TRIPLE PERIPHERAL
MANERO
CB Au750

第4章

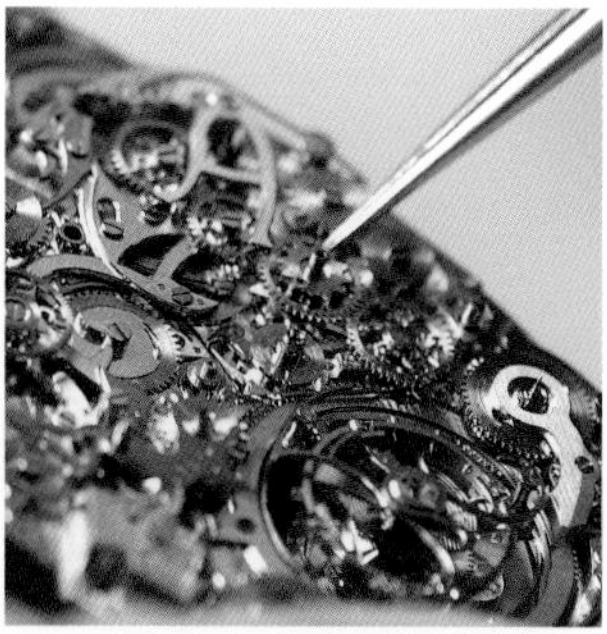

複雑時計はこの時計師から始まった

～アブラアン-ルイ・ブレゲ～

ブレゲの創業者、アブラアン-ルイ・ブレゲは、
時計の進化を2世紀進めたと称賛される天才だった。
1775年、パリのシテ島に開いた彼の工房では、
数々の複雑機構が発明され、また革新されてきた。
初代ブレゲなくして、複雑時計は語れない。

1809年に販売したと記録が残る、初代ブレゲによる3作目のトゥールビヨンウォッチ「No.1176」。天才時計師の代表作のひとつだ。

世界初の実用的自動巻き機構

ブレゲの発明

1780

ペルペチュエル

アブラアン-ルイ・ブレゲによる初の特許は、自動巻き機構だった。彼以前にも何人かの時計師が自動巻き機構を試みたが、実用に至ったのは、このペルペチュエルが最初。今のような回転式のローターではなく、分銅が揺れる力を利用し、ゼンマイを巻き上げるしくみだった。

ブレゲの発明

1783

リピーター用ゴング

時刻を音で知らせるリピーターは初代ブレゲ以前からあった。その音源は内側から叩く裏蓋か、内部に備わる小さな鐘のいずれかだった。前者は音色が悪く、後者は時計が大きくなる。そこで初代ブレゲは鋼線をリング状に丸めたゴングを考案。美しい音色と携帯性を両立した。

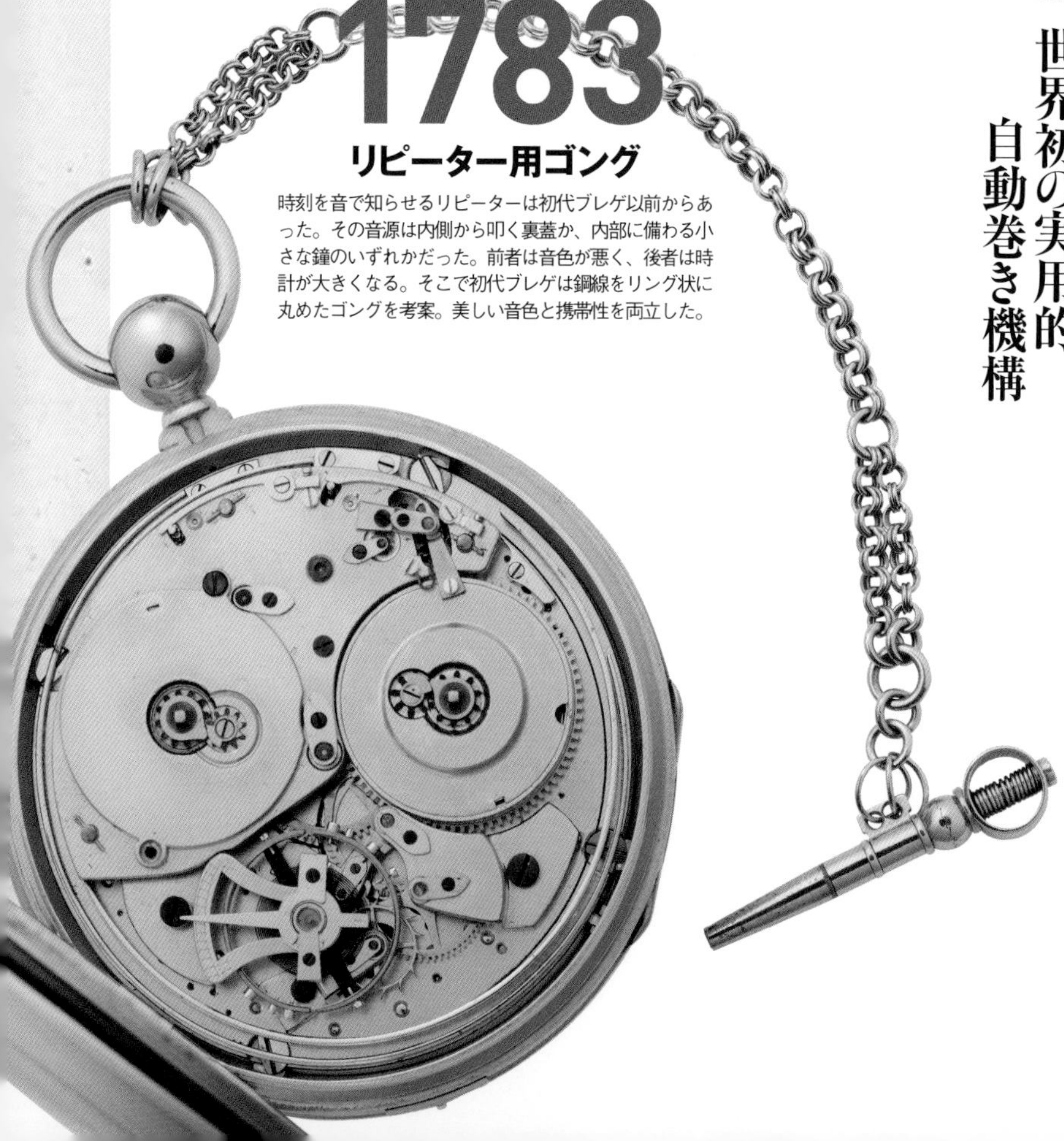

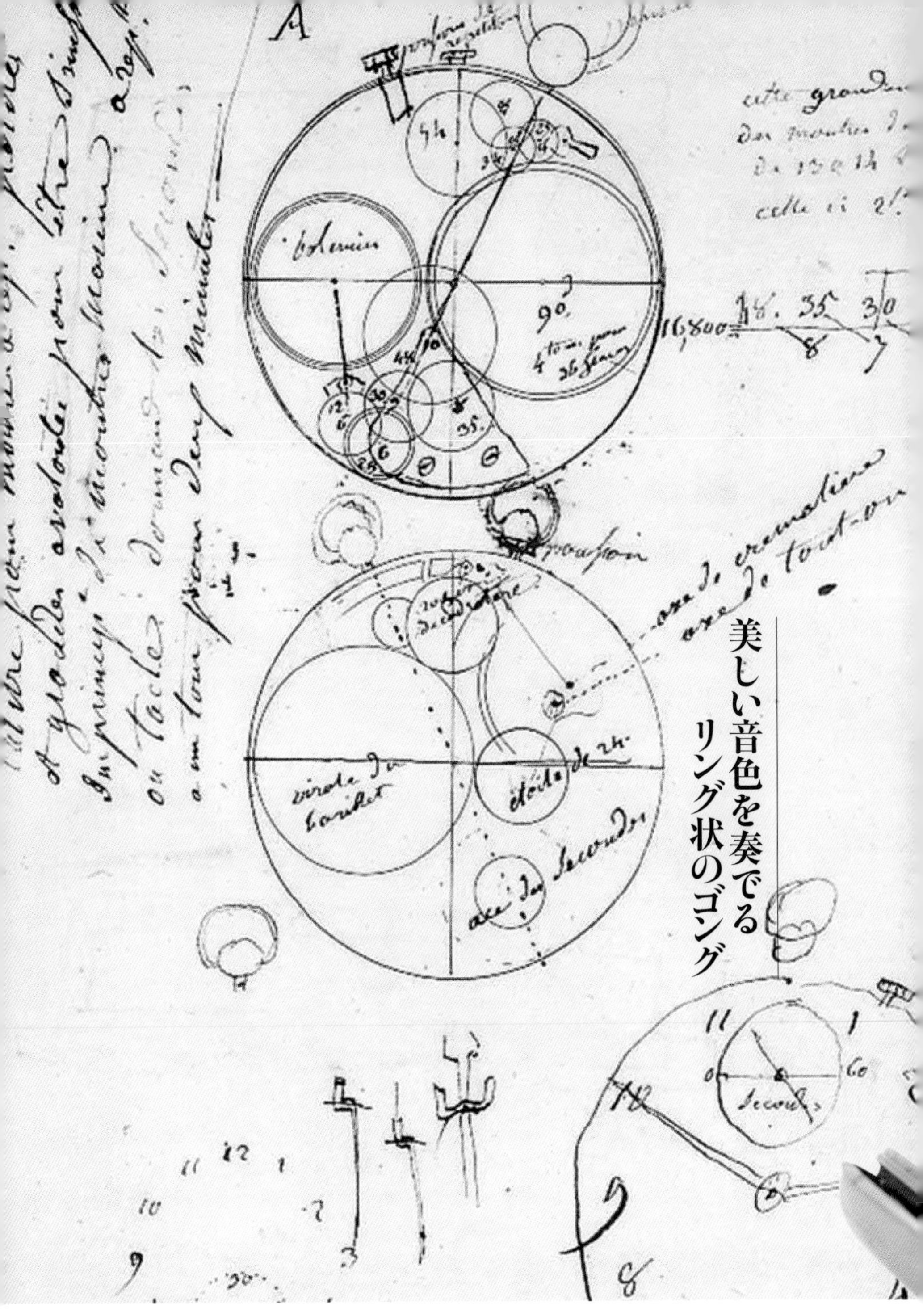

美しい音色を奏でるリング状のゴング

ブレゲひげゼンマイの採用例。上下に伸びたひげゼンマイの上側が、外側終端にあたり、上に曲げられ、さらに内側にカーブしている。

精度を向上させる特殊な終端カーブ

ブレゲの発明

1795

ブレゲひげゼンマイ

テンプの動きに応じて伸縮し、振動を促すひげゼンマイは、単なる螺旋状では同心円状に展開せず偏心する。これが精度に悪影響を及ぼすと考えた初代ブレゲは、ひげゼンマイの外側終端を上に持ち上げ、内側に曲げることで偏心を解決した。今も高級時計で採用される大発明だ。

特許出願時に添えられた初代ブレゲ直筆のコンスタントフォース機構図。歯車Dとつながる板バネで定量のトルクをチャージする。

一定のトルクで動かす高精度機構

| ブレゲの発明 |

1798

コンスタントフォース

時計の動力源であるゼンマイは、巻き戻るにつれ駆動力（トルク）が落ちていき、それに伴い精度も下がる。初代ブレゲは、主輪列の途中にゼンマイからのトルクをチャージする歯車と板バネを与え、チャージした定量のトルクで脱進機を駆動させて高精度を実現した。

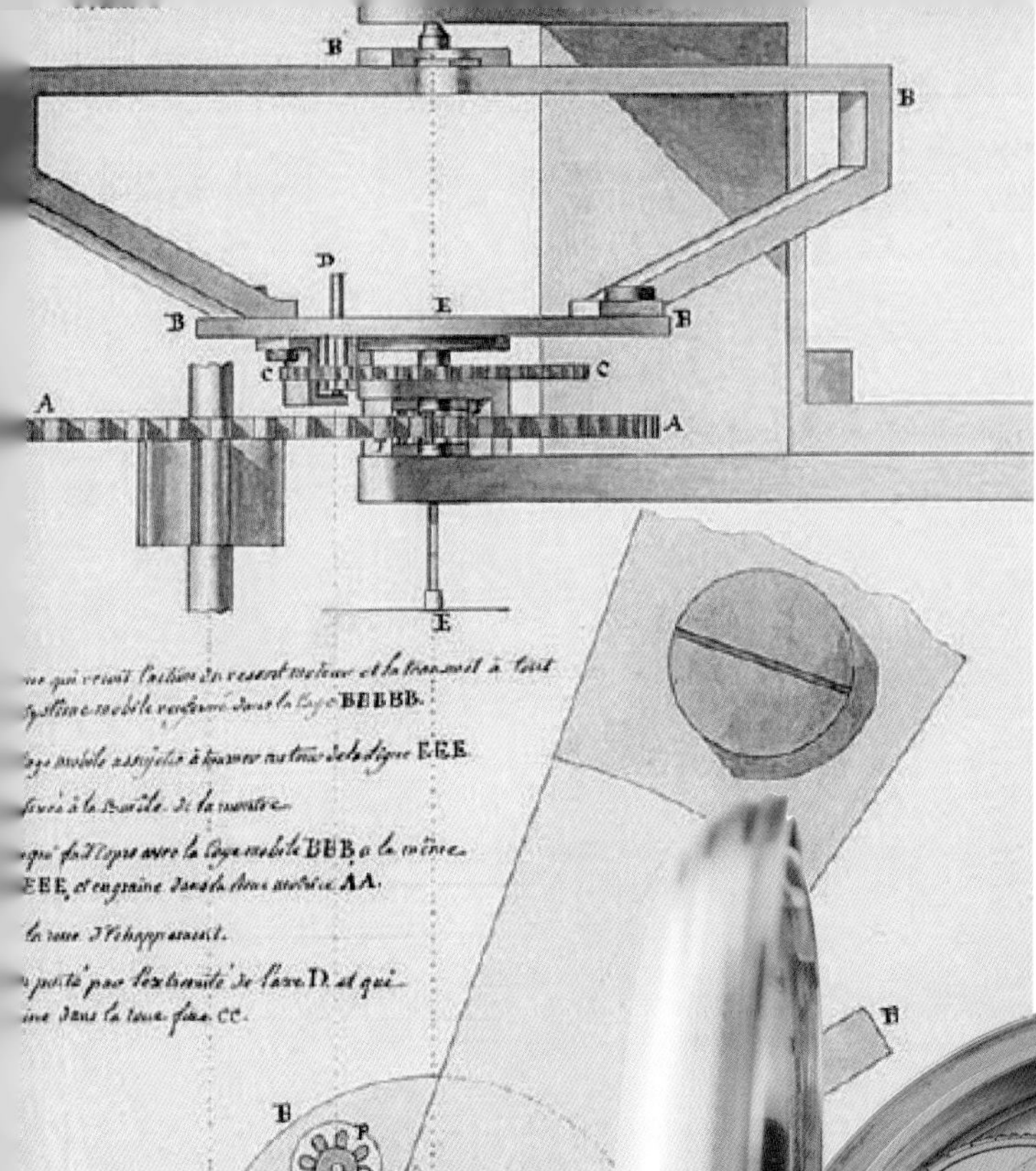

特許出願時の機構図。回転するキャリッジBと一緒にテンプEも回り、重力方向を平均化する。この基本構造は、現在も変わらない。

ブレゲを象徴する複雑機構の花形

ブレゲの発明

1801

トゥールビヨン

初代ブレゲの発明の中でも、代表的な複雑機構。携帯する懐中時計は、さまざまに時計の向きが変わり、テンプにかかる重力方向も変化する。これが時計精度に悪影響を及ぼすと考えた初代ブレゲは、テンプと脱進機を回転するキャリッジに収め、重力方向の平均化を図った。

2つの秒針が備わる
クロノグラフの始祖

| ブレゲの発明 |

1820

観測用クロノメーター
（クロノグラフ）

時分針から独立した2本の秒針で、中間タイムや同時に動く二者間の秒差が計れるストップウォッチを発明。これにより、初代ブレゲはクロノグラフの先駆者となった。このモデルは、当時のブレゲ社のカタログには「二重秒針付き、観測用クロノメーター」の名で掲載されていた。

天才の遺伝子を継ぐ
二代目の発明

| ブレゲの発明 |

1830

巻き上げキーなし

当初、懐中時計のゼンマイは専用の長いキーを用いて巻き上げていた。初代ブレゲの息子アントワーヌ-ルイ・ブレゲは針合わせ用だったリューズに巻き上げのための機構を組み込み、キーを不要とした。この発明は彼が特許を取らなかったため、時計のスタンダードとなった。

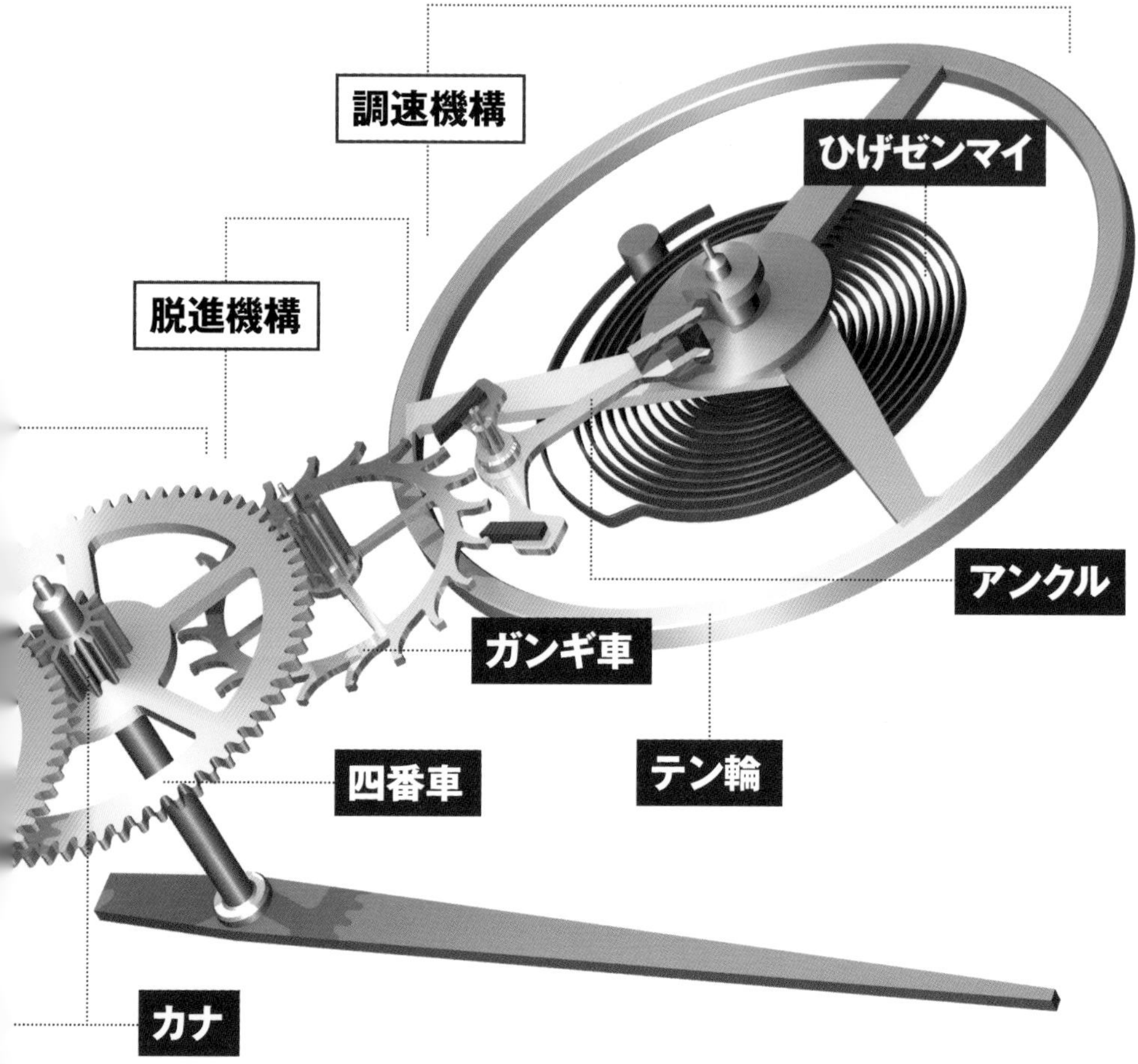

動力伝達と制御を繰り返す

中に収めたゼンマイが巻き戻ることで、香箱は回る。輪列機構の各歯車は、同じ軸上に組み合わされたカナという小さな歯車に噛み合い、上下に重なることで省スペース化を図っている。また大きな歯車で小さなカナを回すため、回転は順に速まる。ゆえに増速輪列とも呼ばれる。図のような基本的な構造の場合、香箱の回転は、二番車では1周60分に、四番車は1周60秒に増速される。

輪列機構により駆動力はガンギ車のカナに至る。ガンギ車はアンクルを動かし、その動きに準じてテンプが振動。と同時に、アンクルはテンプの振動周期に合わせてガンギ車を止める・進めるを繰り返し、すべての歯車の回転速度を正確に制御する。

機械式時計のこれが基本原理

ゼンマイによる動力を輪列で伝達し、
テンプの振動と脱進機とで調速・制御する。
この原理でほとんどの機械式時計は動いている。

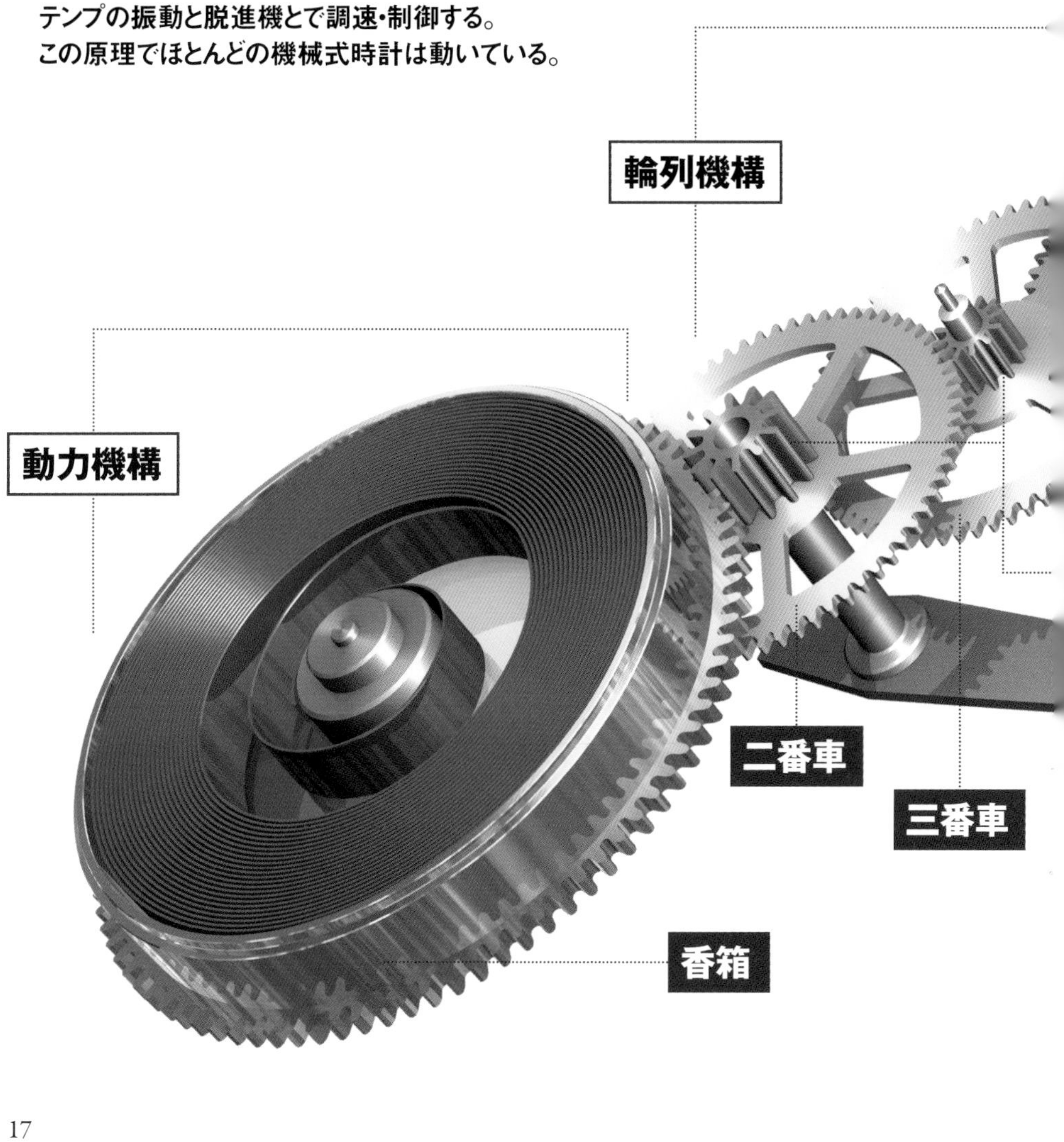

機械式時計に関する用語集

少々難解なメカニズムの話も、時計の用語がわかれば楽しさ倍増。
時計史に関わる重要な発明からパーツ名にいたるまで、主要な専門用語をきっちり解説。

あ行

あがき

歯車と歯車の間などに潤滑油が油膜を形成できるように設けられた隙間のこと。歯車の真軸が穴にはめられる際の「縦がき」や「横がき」がある。

穴石

金属の摩耗による軸受けの劣化を防ぐため、地板や受け板のうち、テンプや歯車の真軸が接する部分にはめ込まれた石のこと。通常、受け石とセットになっている。素材は人工ルビーが多い。

アンクル

テンプとガンギ車の間にあり、枝分かれしたアームの先端に爪石（人造ルビー）がはめ込まれている、脱進機を構成するパーツのひとつ。

アンクル受け

アンクルの真軸を支持する受け板のこと。ガンギ車と同じ受けのムーブメントもある。

一番車

機械式時計の動力源であるゼンマイを内蔵した歯車。香箱車ともいう。ゼンマイが破損した際に他のパーツを傷つけないようにする、ゼンマイに注したオイルを他の箇所に漏らさないようにする、あるいはホコリなどからゼンマイを保護する役割もある。

インカブロック

耐震機構。時計を誤って落としたときに最も壊れやすいテン真（テンプの芯棒）が折れないように、バネ付きの穴石でテン真を支える耐震構造のひとつ。同様の機能をもつものにダイヤショック、パラショックなどがある。

オシドリ

形がオシドリに似ていることからそう呼ばれる、時刻合わせに必要なパーツ。リューズを引くとオシドリがカンヌキ

※テキストは世界文化社『傑作腕時計年鑑2006』からの引用

を押し、ツヅミ車がキチ車から離れ、小鉄車と噛み合うことで時刻合わせを可能にする。

か行

角穴車
ゼンマイを巻き上げるときに重要な役割を果たす歯車。強い力がかかるため、真軸としっかり組み合わさるように中央の穴が角形になっている。

角穴ネジ
角穴車を香箱真に留めるためのネジで、香箱真と同軸上にある。ドーム型や面取りされたもの、締め込んだ状態で角穴車の面と同じになるものなど形状もさまざまある。

カナ
歯車の軸まわりに設けられた小さな歯車のこと。歯車とカナは同時に回転するが、各々異なる別の歯車やレバーと接触している。これにより動力の伝達と速度の増減が可能。

ガンギカナ
ガンギ車の軸まわりにある小さな歯車で四番車と接する。四番車から伝わったゼンマイの動力でガンギ車を回すなどの役割を担う。

ガンギ車
脱進機の1パーツでテンプに一定の力を与えて左右に回転運動させるのと同時に、テンプからの規則正しい振動周期を歯車列に送り、基本的な運針ペースを制御している。

緩急針
ひげゼンマイに接しており、これを左右に移動させることでひげゼンマイの有効な長さが微調整でき、結果、進み・遅れが調節できる。その多くは緩急針移動用の調節レバーを付加しているが、これがないムーブメントもある。またロレックスのムーブメントでは緩急針に加え、テンプ外輪のアジャストスクリューネジで精度調整できる。

カンヌキ
ツヅミ車と噛み合うように差し込まれているパーツ。時刻合わせの際、リューズを引き上げる力をオシドリを通して受け、ツヅミ車と小鉄車を連結させる。その逆の働きもする。

キチ車
巻き上げ輪列の1パーツ。リューズを巻くとこの歯車が回り、丸穴車が回転してゼンマイが巻き上げられるしくみになっている。

コハゼ
爪形の部品のこと。歯車などの逆回転を防ぐ役割をする。

さ行

三番車
基本輪列（表輪列）の1パーツで、二番車からの動力を四番車に伝達する増速歯車。

地板
ムーブメントにおける機械体を組み上げるための金属板のこと。多くのパーツがこの地板と受け板との間に収められている。

振動数
ビートともいう。テンプなどの振動体が揺れる回数のことで、「回／時間」、「振動」、「Hz（ヘルツ）」などの単位で表わされる。例えば、1秒間にテンプが5回振動する時計なら、5振動=2・5Hz=1万8000回／時間となる。基本的には振動数が増えれば時計の精度は向上するが、同時に摩擦などによる部品の摩耗が激しくなり耐久性が落ちる。ロービートでも高精度な時計もあるので、ハイビート=高精度とはいいきれない。

た行

脱進機

機械式ムーブメントの制御装置のこと。ゼンマイのエネルギーが一度に放出されるのを制御し、同時にそのエネルギーをテンプの規則正しい往復運動に変換させるための装置で、ガンギ車とアンクルから構成されている。

調速機

テンプ、ひげゼンマイなどから成る。ゼンマイ動力の瞬時の放出を抑えて一定の速度に制御し、その動力を再び脱進機に戻す機構。

チラネジ

バランススクリューともいう。微妙に振動運動するテンプのバランスを均一に調整するため、テン輪に取り付けられた複数の微小ネジ。古典的なムーブメントに多用されたが、現行ムーブメントではほとんど見られない。

筒カナ

長・短針が装着されたカナで、二番車と同軸上にある。運針時、筒カナは二番車と一緒に回転するが、時刻合わせ時にはその内側がスリップして、独自に回転する。

ツヅミ車

形が楽器の鼓に似ていることから付いた名称。一方の端にはノコギリの歯状の斜めの歯が付いていて、キチ車の同型の歯と噛み合う。反対側には剣回し（時間を合わせるために針を回すこと）のための歯車と噛み合う歯が付いている。

爪石

アンクルのアーム先端に取り付けられた石（人工ルビーが多い）で、ガンギ車の歯と噛み合っている。

テン真

テン芯とも書く。テンプの円滑な振動などの役割を担う、先端の鋭く尖った真棒で、テンプの中心部に取り付けられており、その両先端は耐震軸受けと接触している。

テンプ

テン輪やテン真・振り座・振り石などから構成され、そこに取り付けられたひげゼンマイとともにアンクルから伝わる反復運動を一定速度の振動に変換する、いわゆる調速を行う、ムーブメントの要ともいうべき部分。その多くは緩急針をもっている。

テンプ受け

テンプの軸受けで、テンプの動きのブレを抑えるために裏蓋側に取り付けられたプレート。緩急針と緩急座（テンプ上座、テンプ上受け石ともいう）がこれに組まれる。

な行

日差

時計の1日の進み・遅れの度

合いを表す用語。平均的な日差は機械式時計で10～20秒、音叉時計で2秒、クォーツ時計で0・01～0・5秒。また、同じ姿勢、温度で測定した連続する2日間の日差を日較差という。

二番車

香箱からの動力を増速させ、それを三番車に伝える歯車で、多くはムーブメントの中央に位置する。1時間に1回転し、分針と同軸となる。

は行

バネ棒

ケースにベルトやブレスレットを固定するための棒状の部品で、伸縮するようにバネが内蔵されている。

ひげゼンマイ

テンプに装着された細いひげ状のゼンマイ。弾力があり、アンクルから伝達された反復運動を、その弾力を利用して一定の振動周期に変換し、テンプを動かす。

ひげ持ち

ひげゼンマイの外側にあり、ひげゼンマイとテンプをつなぐパーツ。接触位置を動かすことでひげゼンマイの「有効長さ」を調整できる。

歩度

時計の進み・遅れの度合いのこと。1日あたりに換算したものを日差、1カ月あたりを月差、1年あたりを年差という。また、歩度の調整を歩度緩急といい、機械式の場合、多くはひげゼンマイに付いた緩急針の操作で行う。

ま行

巻き真

巻き芯とも書く。リューズを巻く際、巻き真と、その先のキチ車が回転。さらに丸穴車や角穴車などに伝達され、ゼンマイが巻かれる。

丸穴車

巻き上げ機構の1パーツで、キチ車と噛み合っており、リューズが巻き上げられる際に回転し、角穴車や、その先の香箱などを回す。

や行

四番車

三番車とガンギ車をつなぐ歯車で、通常60秒で1回転する。スモールセコンド付きの時計では、この歯車とスモールセコンドの秒針は同軸となる。

ら行

リューズ

ゼンマイの巻き上げや時刻調整などに用いられるパーツ。ノーマルとねじ込み式に大別できる。

輪列

互いに噛み合って連動する歯車やカナなどから構成される伝達機構。香箱から四番車までの増速輪列（表輪列）はその代表格。ギア・トレインともいう。

複雑時計に関する用語集

アラームウォッチ

指定時刻を音で知らせる機能をもつ時計。腕時計における史上初のアラームウォッチは1947年に発売されたレビュー・トーメンのクリケット。

永久カレンダー

大小の月の日数に対応して全月末の翌日に1日を自動表示し、閏年調整のため4年に1回転する回転板が付加されたカレンダー機構。パーペチュアルカレンダーともいう。通常永久カレンダーは西暦2100年まで無調整で対応する。

グランドコンプリケーション

永久カレンダー、スプリットセコンド・クロノグラフ、ミニッツリピーターをすべて搭載する時計のこと。高い技術を要し、製作することができるのは一部の高級ブランドだけ。オーデマ ピゲ、ブランパンなどが得意とする。

グランソヌリ

「ソヌリ」は時鐘を意味する仏語。ミニッツリピーターが任意の時刻を知らせるのに対し、グランソヌリは毎正時などを自動的に打ち鳴らす。

クロノグラフ

1本以上の針を始動・停止・再始動・リセットできる経過時間測定用計器のこと。またはこの機構を付加した時計。すなわちストップウォッチ機能付きの時計。1720年にイギリス人ジョージ・グラハムがメカニズムの原理を考案。史上初めて商品化されたクロノ懐中時計は1879年発表のロンジンのルグラン、同じくクロノ腕時計は1915年のブライトリングの30分タイマー。

コンプリケーションウォッチ

複雑時計のこと。すなわち永久カレンダー、ミニッツ・リピーター、トゥールビヨン、スプリットセコンドなどの複雑機能を1つ以上備える時計。トリプルカレンダー付きクロノグラフなどもこの概念に含まれる。

コラムホイール

ピラーホイールとも呼ばれる。プッシュボタンを押すとこれが回転し、クロノグラフ機構の全機能を制御する、いわばクロノグラフの司令塔。

GMT

グリニッジ・ミーン・タイムの略で、グリニッジ標準時（1884年、ワシントンでの国際子午線会議にて決定）のこと。24時間針と24時間目盛りとで第2時刻が読み取れるGMT針付きワールドタイム機能を意味することもある。

ジャンピングアワー

分針が1周する動力により、時を表示する文字盤（小窓表示のデジタル文字盤）を1時間に1コマ分、瞬時に動かす機構。

スプリットセコンド・クロノグラフ

ラップタイムの計測に適した複雑機構のクロノグラフ。スタートとともに2本のクロノグラフ針が1つに重なって計測を開始し、途中でストップボタンを押すことにより針が分かれ、片方が経過時間を表示。再スタートすると、そのまま動き続けているもう一方に追いつき、再度計測を開始する。

パワーリザーブ

機械式時計の最大駆動時間のスペック。ゼンマイの巻き上げ残量を表示するインダイヤルを「パワーリザーブ・インジケーター」という。

タキメーター

平均時速の測定スケールのこと。使い方は、たとえば1kmの距離を車で通過するときの平均速度を知りたいとき、スタートと同時にクロノグラフを始動させ、1kmを通過した瞬間にストップボタンを押す。その際にクロノグラフ針が指すタキメーターの目盛りが平均時速となる。

トゥールビヨン

1795年にアブラアン-ルイ・ブレゲが発明した複雑機構で、時計にかかる重力差から生じる姿勢差を自動補正する。脱進調速機を収めたキャリッジが一定速度で回転し、重力の影響を各方向において平均化させる。トゥールビヨンは仏語で渦巻きの意。

ビッグデイト

1の位と10の位を別々のディスクで表示する大型の日付表示機能。

ミニッツリピーター

機械式時計における音で時刻を知らせる機構、またはその時計のこと。対になった2つのハンマーが鐘を鳴らし、その回数で時刻を1分の単位まで知らせることができる。

ムーンフェイズ

文字盤に設けられた月齢表示、あるいはこれが付いた時計のこと。その多くは29・5日で半回転する円盤に描かれた月の顔が扇形の小窓越しに出たり、隠れたりする。1880年代にアブラアン-ルイ・ブレゲが発明したといわれる。

レトログラード

「逆行」を意味する仏語。針が一周せずに扇状に動き、端まで達すると瞬時に折り返す表示方法。例えば、分針がレトログラードの場合、扇の開口部は60分のインデックスとなり、針が60分に達すると瞬時に0分の位置に戻る。

ワールドタイマー

任意の2カ所の時間のほか文字盤やベゼルなどに24の時間帯ごとに世界主要都市の標準時が記された、時差計算が不要な時計のこと。

第1章

▼

セミ複雑機構のしくみ

コンピュータによる設計・シミュレーションが普及して以来、
機械式時計にはさまざまな新しいメカニズムが誕生してきた。
その多くは時刻表示ムーブメント(ベースムーブメント)の
ダイヤル側に各機構を載せるモジュール式を採る。
これにより凝った表示方法や、実用的な付加機能が実現され、
機械式時計の可能性と魅力は、無限に広がった。

▼

▼

▼

▼

後述するパテック フィリップが考案したアニュアルカレンダーの機構。“セミ”複雑機構ではあるが、多様な形状の歯車がいくつも連携している様子は、かなり複雑である。

17 16 15 14 13 12 11 10
27 28 29 30 31 1 2 3

ロマンティックな月齢表示

MOON-PHASE

ムーンフェイズ

神秘的な月の満ち欠けをダイヤル上で表現するムーンフェイズは、16世紀のクロックに見られる伝統的な機構である。一定の周期で変化する月の“位相”（Phase）は、太陰暦の基準であった。太陽暦を用いていたヨーロッパでムーンフェイズが発明されたのは、街灯がなかった時代、夜の行動が月明かり頼りだったから。また“月の位相”（月相）は潮の満ち引きに関係し、人のバイオリズムも左右しているといわれ、現代人にも役に立つ。

星を従えた黄金の月が満ち欠けする様子は、なかなかにロマンティックだ。この月の表現にも各社が工夫を凝らし、古くは顔を描いた月が多用されていた。

55
60
IWC
SCHAFFHAUSEN

ケースサイドに備わる、ムーンフェイス調整用のコレクター。時計を購入した際に付属する専用のピンを使い、ボタンを押し込む。

IWCで学ぶ

［ムーンフェイズの読み方・使い方］

サブダイヤルで月の満ち欠けを表示

今ではさまざまなムーンフェイズのスタイルがあるが、最もオーソドックスなのは、半円形の窓を開けたサブダイヤルの中で回転するディスクに描いた満月を、窓から突き出す2つの山で隠して満ち欠けさせるしくみ。月は左側の山から少しずつ現れ、2つの山の間で満月となり、続いて右側の山に隠れて欠けていく。この月の位相で、月齢を知る。また窓の外側に月齢インデックスが備わるモデルも数多い。

ムーンフェイズの調整は、ケースサイドに埋め込まれたボタン（コレクター）を専用ピンで押して進める設計が大半。満月か新月の日に調整すると、正確な位相が得られる。

「ポートフィノ・オートマティック・ムーンフェイズ」。ムーンフェイズは、初代ポートフィノからの伝統。クラシカルエレガントな外観には神秘的な機構が似合う。

ムーンフェイズのしくみ

月車の歯数で正確な月相を表示する

通常のムーンフェイズ

筒車を起点とし、駆動車の爪で１日に１歯送るという構造は、日付表示と同じ。日付ディスクに代わり、59の歯が備わる月車を用いることで、29.5日周期の月相が示せる。

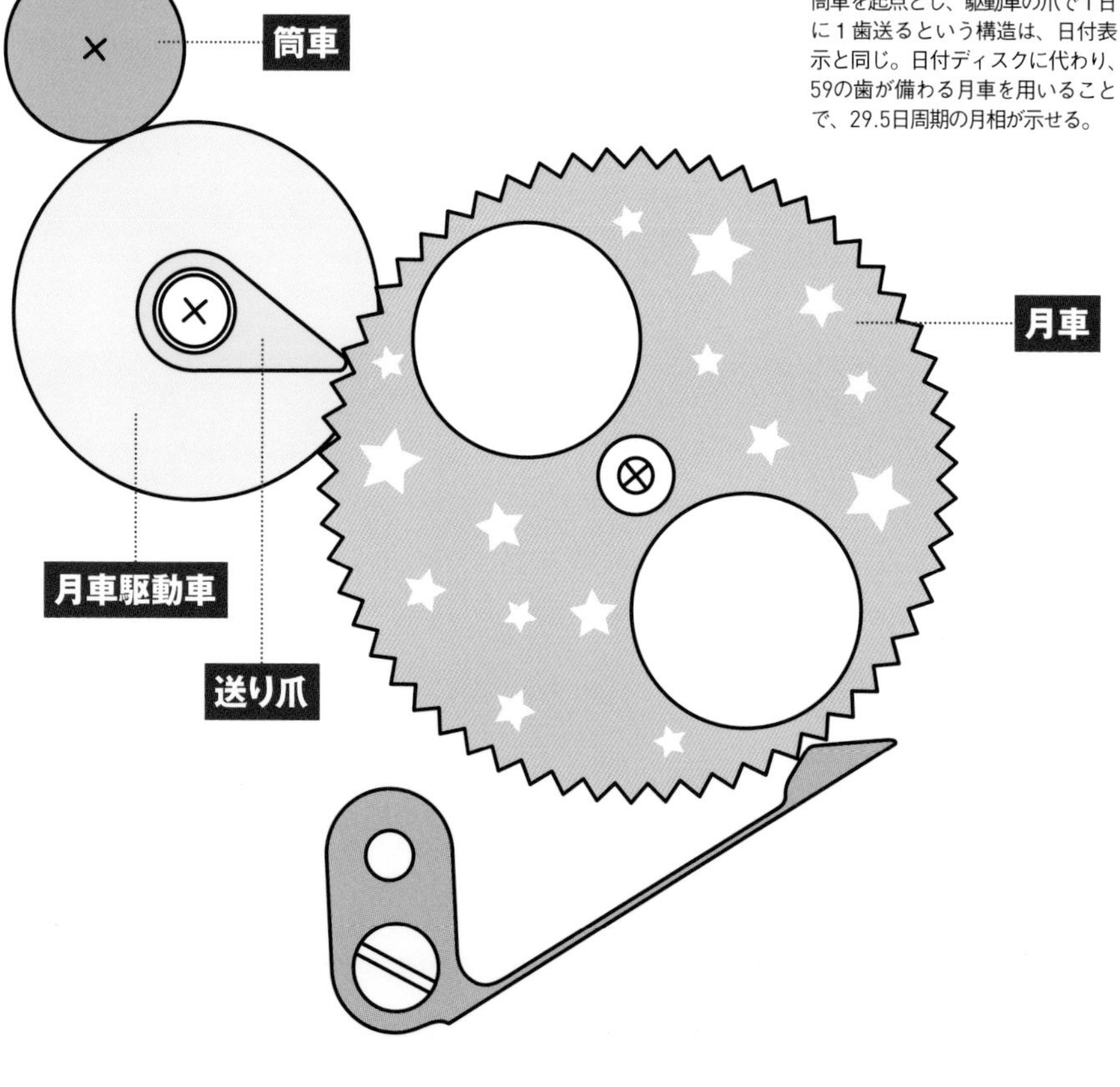

古代からの天体観測により、月の満ち欠けの周期（朔望月）は早くから約29・５日と、かなり正確に算出されていた。ムーンフェイズは、対称位置に２つの月を描いた月車に29・５日の倍にあたる59の歯を与え、時針を動かす筒車が２周（24時間経過）すると1周する月車駆動車に固定された送り爪で１日に1歯回すしくみになっている。こうすることで月車は59日で1周し、サブダイヤルの半円形の窓では半周分、つまり朔望月1周期分を示している。
　また現代の天文学では、正確な朔望月は29日12時間44分28秒だとわかっている。これを29・５日としたムーンフェイズでは、３年弱で１日の誤差が生じる。そこでＩＷＣは１９８５年、月車の歯数を１３５まで増やし、日星車を追加することで表示誤差が１２２年で１日という、高精度ムーンフェイズを生み出した。

より高精度なムーンフェイズ

送り爪は月車ではなく日星車を１日に１歯動かし、日星車と同軸にあるカナ車が中間車を介して月車を動かす。こうすることで爪では送れない細かい歯形状の月車が動かせる。

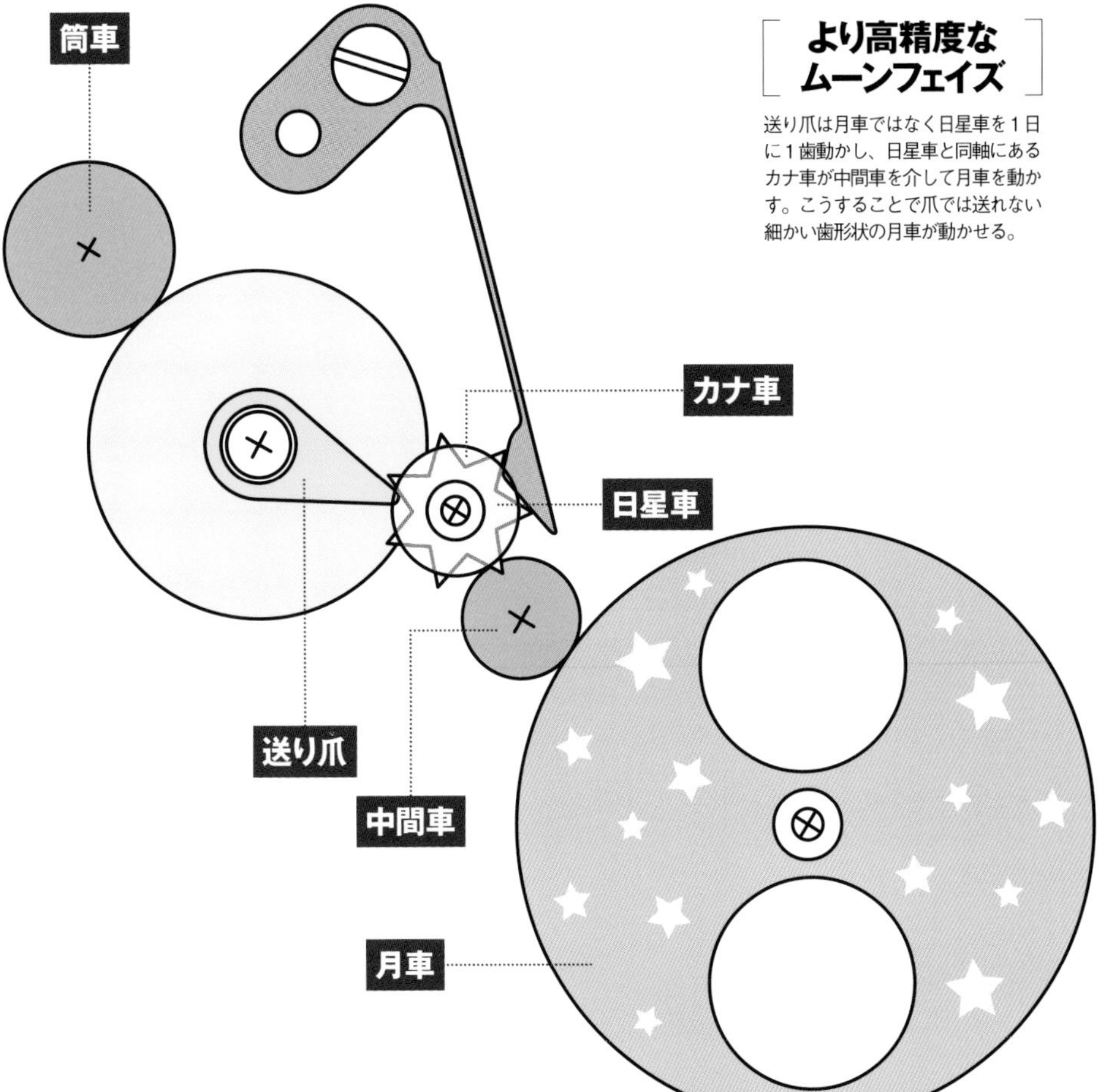

第１章 セミ複雑機構のしくみ 2

大きくて読みやすい日付表示

OUTSIZE DATE

(BIG DATE)

アウトサイズデイト(ビッグデイト)

日付表示は、最も一般的な腕時計の付加機能だ。これをA.ランゲ＆ゾーネは1994年、通常のおよそ３倍まで大型化し、視認性を飛躍的に高めた。名付けてアウトサイズデイト。これ以前にも、３倍までとはいかないが大型日付表示は他社にも存在していた。現在も多くのブランドがビッグデイトやラージデイト、グランドデイトなど、さまざまな呼称でラインナップに加えている。いずれもしくみは似ており、通常の日付表示より複雑だ。

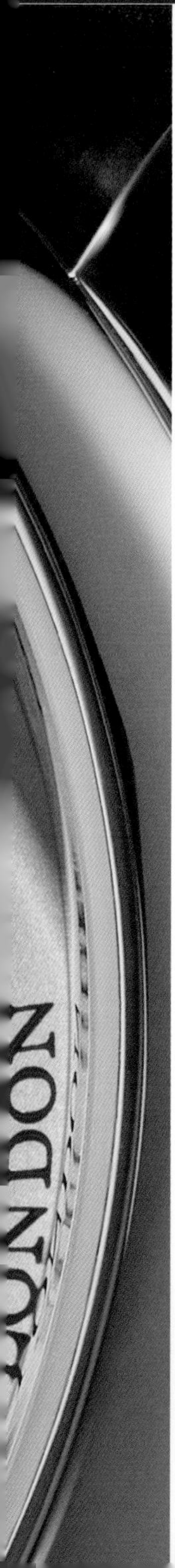

独立した２つの窓で日付の各位を表示するアウトサイズデイトは、A.ランゲ＆ゾーネの象徴的機構の１つ。２つの窓は、貴金属製のフレームで囲まれ、強い存在感を放っている。

NGE & SÖHNE
ASHÜTTE I/SA
25
AUF
KARACHI
DUBAI
RIYADH

A.ランゲ&ゾーネで学ぶ

アウトサイズデイトの読み方・使い方

1の位と10の位を別々のディスクで表示

大型日付表示は、日付の1の位と10の位を個別のディスクで表示することで、大型化している。その大半は0から9の数字が備わる1の位のディスクと1・2・3・空白（あるいは0）の10の位のディスクが並列に設置される。対してA．ランゲ&ゾーネのアウトサイズデイトは、10の位のディスクを十字型として1の位のディスクに重ねて設置したことで機構自体をコンパクト化し、その分、大きな表示を可能とした。

またアウトサイズデイトの調整は、リューズではなくケース10時位置のボタンで行う設計として、故障のリスクも低減。これら十字ディスクとボタン操作は、特許を取得している。

ダイヤルを外すと、1の位のディスクと10の位の十字プレートとが、ちょうど窓の部分に各数字が並ぶよう重なっている。各ディスクを並列にするよりはるかにコンパクトだ。

「ランゲ1・タイムゾーン」。ダイヤル外周の都市名リングを8時位置のボタンで操作し、サブダイヤルでその都市の時刻を示す仕掛け。10時位置のボタンで日付を調整する。

A.ランゲ&ゾーネで学ぶ

アウトサイズデイトのしくみ

1の位と10の位の各ディスクを個別に特殊なプログラム車で動かす

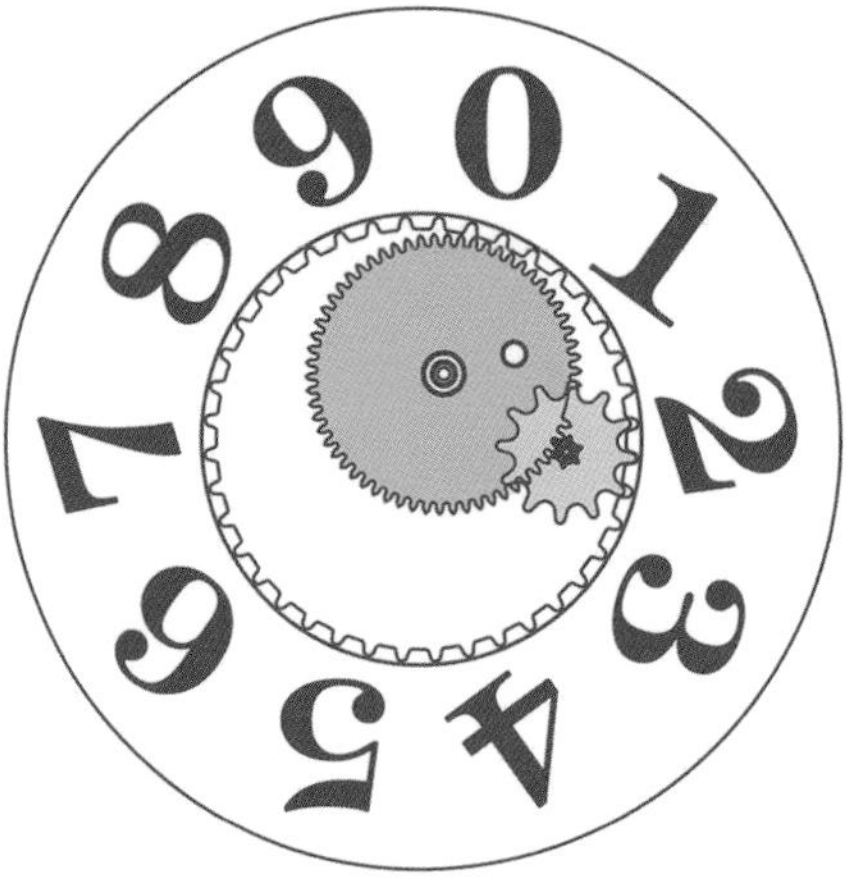

10の位はプログラム車で直接送る。４つの歯の間隔の違いに注目。１の位はプログラム車が２歯動くと１歯回る中間車が送り、このプログラム車の１の部分の歯は２つ削られている。

通常の日付表示は、1〜31の数字が備わる日付ディスクを1日に1度順に送っている。これを司るのが、時針を動かす筒カナと連動し、24時間で1周する日送り車だ。

アウトサイズデイトも同様に筒カナを起点とするが、1の位のディスクは1日に1度、10の位の十字プレートは10日毎に動かせば済む、わけではない。何故なら十字プレートの3は、30日と31日の2日間しか必要とせず、1の位のディスクの1は、31日と1日の2日間連続で表示する必要があるからだ。そこで各位のディスクの送りを正確にコントロールする、特殊な歯車間隔をもつプログラム車を考案。十字プレートのプログラム車に備わる4つの歯は、3から0に送る歯は2日分、他10日分の間隔になっている。また1の位のプログラム車は、1が連続して表示されるよう2に送る歯の間隔を広げた。

アウトサイズデイトのメカニズムは、地板の表と裏に構築されている。十字プレートと１の位のディスクの各プログラム車は同軸に重ねられ、ともに筒カナが動かすしくみ。

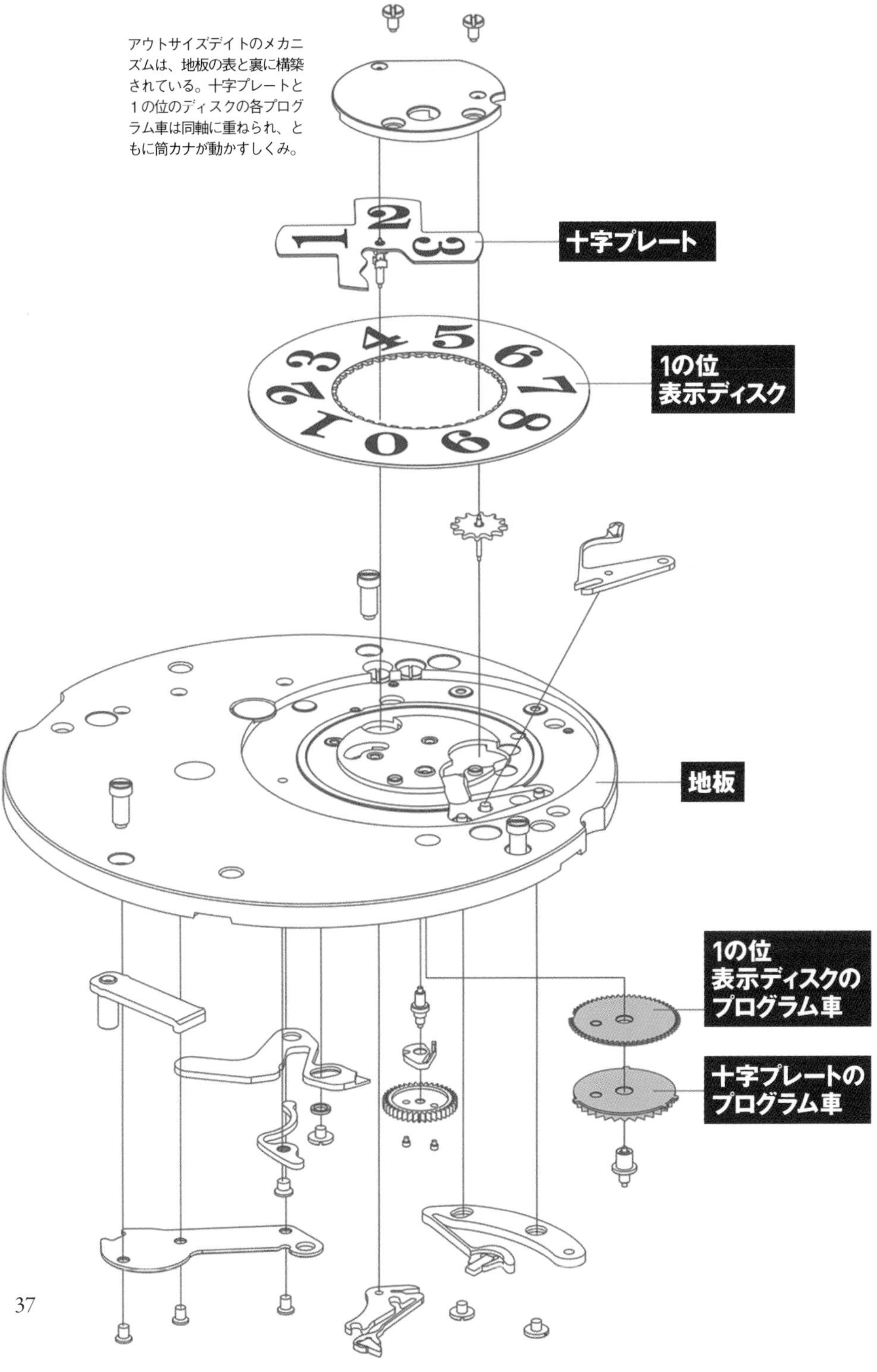

第1章 セミ複雑機構のしくみ 3

旅に便利なマルチタイム表示
GMT
ジー・エム・ティー

1884年10月1日にワシントンで開催された「国際子午線会議」の決議により、世界は24のタイムゾーン（時間帯）に分けられ、各時間帯の時差は1時間と定められた。当時、時刻の基準としていたのは、グリニッジ標準時(Greenwich mean time)。GMTは、その略であり、異なる複数の時間帯の時刻を表示するマルチタイムゾーン機構のうち、第二の時針（副時針）をもち、2つの時刻を表示できる時計の総称として使われるようになった。

第二の時刻を示す副時針はGMT針と呼ばれ、その大半は通常の時針とは色やデザインを明確に変え、視覚的に切り分けている。このモデルでは、GMT針が赤いアロー（矢）型に。

AUTOMATIC
HI-BEAT 36000
GMT

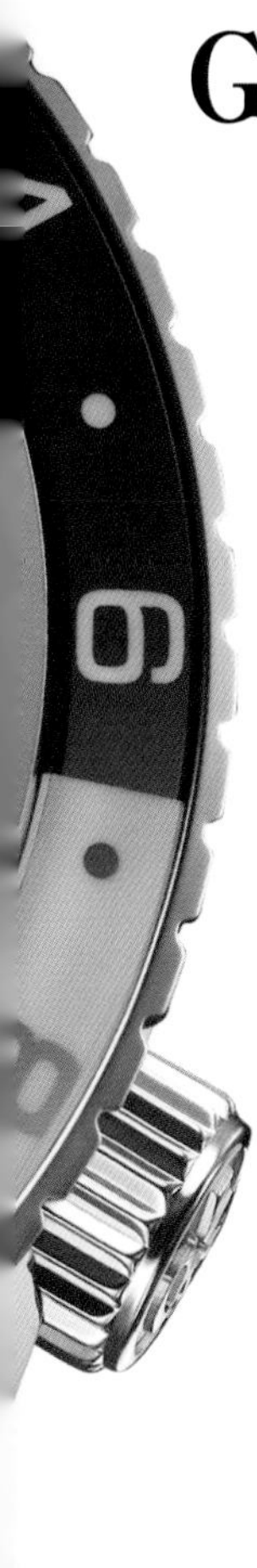

グランドセイコーで学ぶ

GMTの読み方・使い方

GMT針と24時間インデックスで第二時間帯を表示

ほとんどのＧＭＴ針は、24時間表示とすることで通常の時針（主時針）が示す時刻と切り分け、離れた場所からも第二時間帯のエリアの昼夜を判別できるようになっている。最初期のＧＭＴウォッチは、主時針とＧＭＴ針は同じ時刻を示し、24時間インデックスが備わる回転ベゼルを時差分回してＧＭＴ針で第二の時刻を読むしくみだった。現在では、ＧＭＴ針あるいは主時針のどちらか一方をリューズなどで単独で操作でき、ダイヤルの24時間インデックスで第二時間帯が読めるようになっている。さらに24時間表示の回転ベゼルが備わっていれば、それを時差分回すと第三時間帯もわかる。

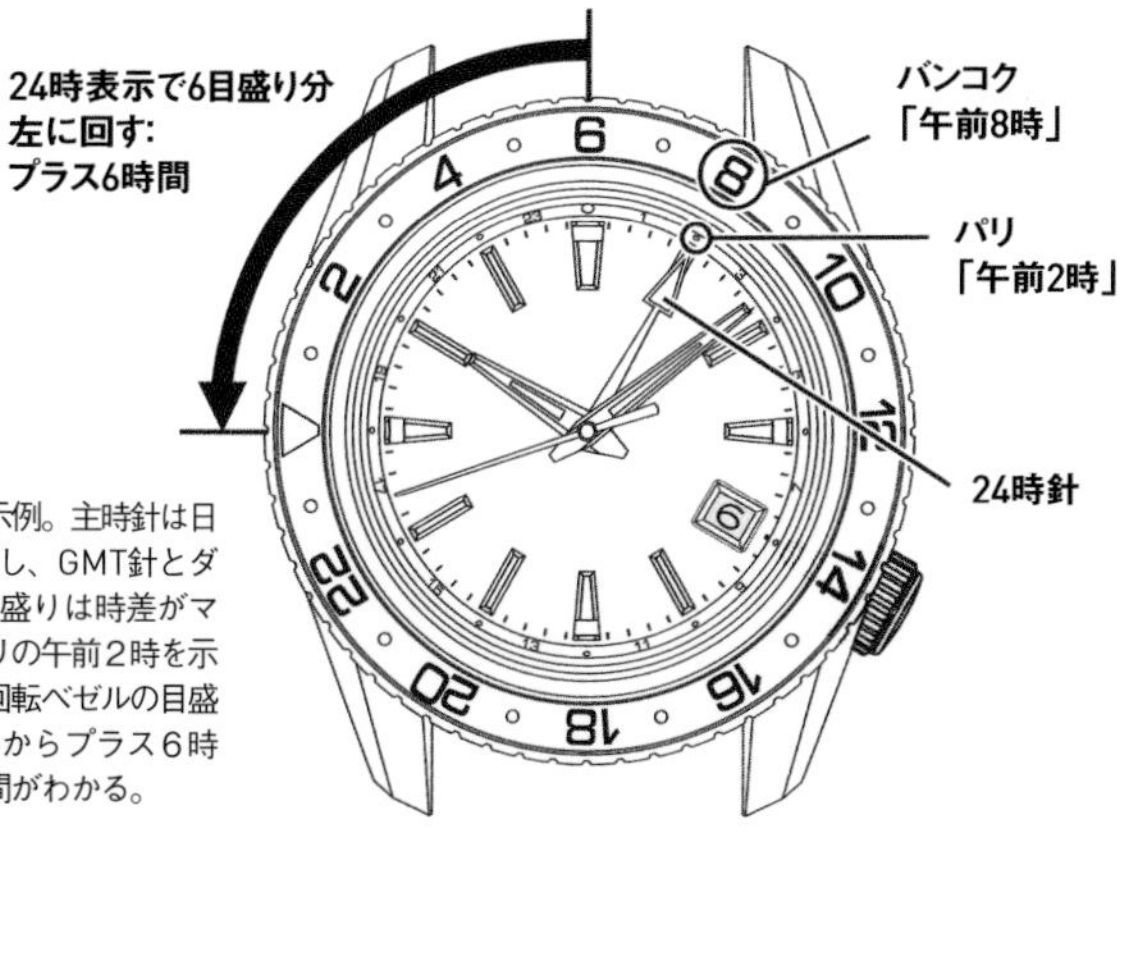

３つの時間帯の表示例。主時針は日本時間の10時を示し、GMT針とダイヤルの24時間目盛りは時差がマイナス８時間のパリの午前２時を示している。さらに回転ベゼルの目盛りとGMT針でパリからプラス６時間のバンコクの時間がわかる。

「SBGJ239」。毎時3万6000振動のメカニカルハイビートに、GMTを搭載。第三時間帯を示すことができる回転ベゼルはサファイアクリスタル製のリングで覆われ、透明感と奥行き、深みを表現している。

グランドセイコーで学ぶ

GMTのしくみ

駆動系統から切り離し、主時針だけを操作可能に

時針車と24時車は重なっており、通常は連動しつつも単独で動くように切り替えられる構造。だから時差修正をする際、主時針だけが動き、GMT針は元の時間を示したままになる。

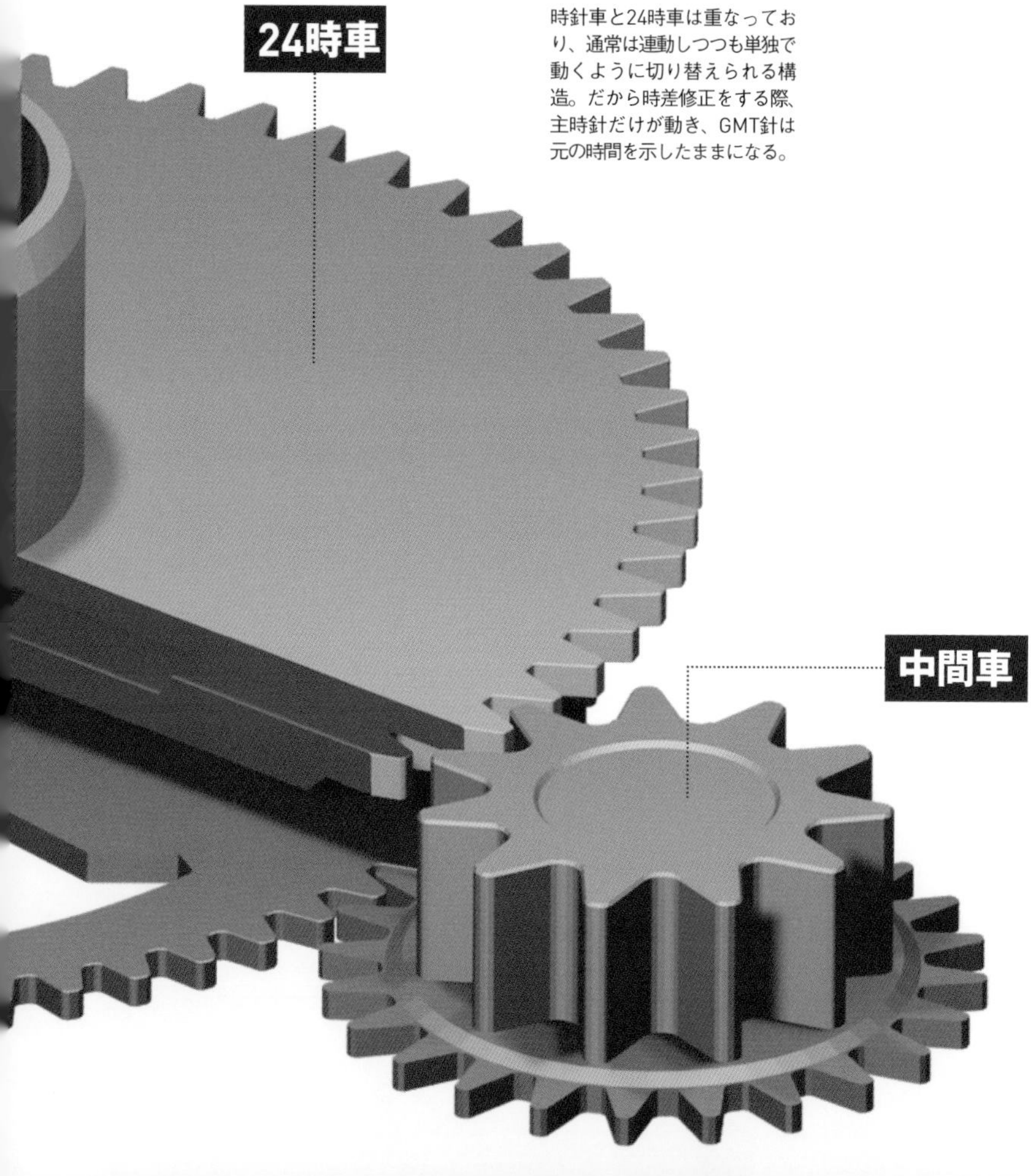

かつてＧＭＴウォッチは、ＧＭＴ針側をリューズで単独で動かす設計が大半だった。しかし近年は主時針側を単独操作して旅先の現地時間（ローカルタイム）に合わせ、ＧＭＴ針で自国の時間（ホームタイム）を示すタイプが多い。この方が、旅先での時間が見やすいからだ。グランドセイコーのＧＭＴも、主時針操作タイプである。

香箱からの輪列で駆動される時差修正車に設けたバネ部が、主時針が載る時針車の下に備わる12の歯をもつカナ車に係合し、２つの歯車は一体となって回転する。時針車の上に重なるＧＭＴ針を動かす24時車は、二層構造の中間車を介して時差修正車から駆動力を得ている。リューズ操作で主時針を時差修正する際には、時差修正車のバネを押し上げ、時針車だけがカナ車の歯数通り、１時間刻み12ステップで動かせるようになる。

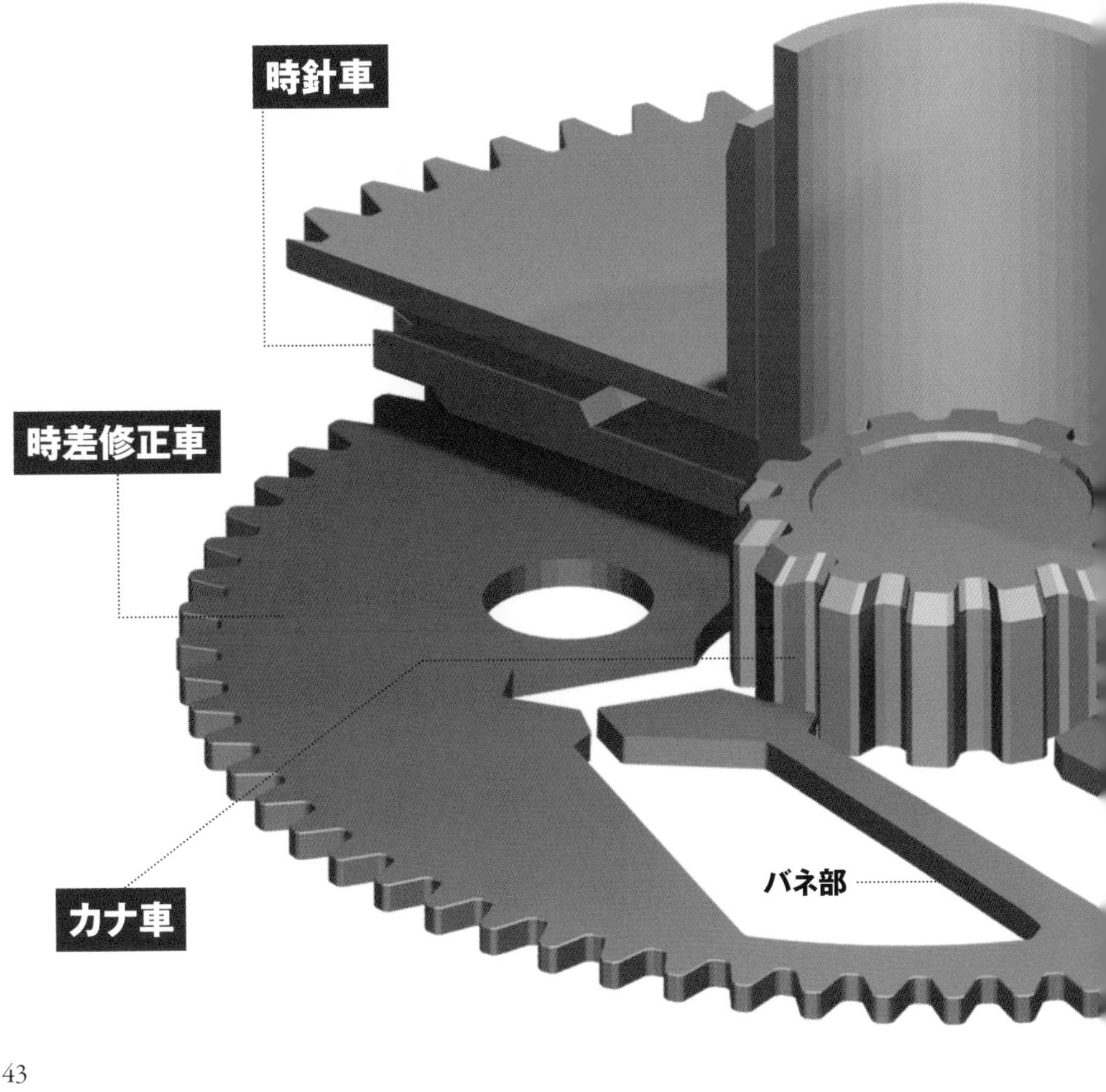

第1章 セミ複雑機構のしくみ 4

あると便利な「あと何時間?」
POWER RESERVE INDICATOR
パワーリザーブ計

機械式時計は、巻き上がったゼンマイが巻き戻る力を動力源としている。手巻きの場合は使っている間に、自動巻きでも腕から外すと、ゼンマイは巻き戻り続け、やがて時計は止まる。このゼンマイをフルに巻き上げてから止まるまでの時間を、パワーリザーブと呼ぶ。そして目には見えないゼンマイの巻き上げ残量を針やディスクで示すのが、パワーリザーブ計である。車でいえば燃料メーター。巻き上げるタイミングがわかる、便利な機構だ。

ノモス グラスヒュッテのディスク式パワーリザーブ計。巻き上げ残量は、小窓に現れる色帯の長さで示すしくみ。表示がコンパクトで、ダイヤルデザインを邪魔しない。

12
MOS

ノモス グラスヒュッテ（ディスク式）で知る

［パワーリザーブ計の読み方・使い方］

あとどれくらい動き続けるか 色付きのディスクゲージで表示

パワーリザーブ計は、ゼンマイが収まる香箱と連結した複数の歯車で残量を示すしくみになっている。表示方法には前述したように、針式とディスク式とが存在する。針式は残量を目盛りの数字で明確に示し、ディスク式は窓に現れる色の分量でおおよその残量が把握できる。

左は、ノモス グラスヒュッテのディスク式パワーリザーブ計搭載モデル。写真のように窓の中が全面赤だと、ゼンマイがすべて巻き戻った状態。リューズでゼンマイを巻き上げると、赤色は徐々に減っていき、白い領域が増えてくる。そしてフルに巻き上がると全面が白になり、巻き戻るにつれ赤が徐々に現れる。

左の時計が搭載する自社製の手巻きムーブメントは、薄型設計。写真でデイトディスクの８の左下にあるのが香箱で、その上にパワーリザーブ計の機構が、構築されている。

「タンジェント パワーリザーブ」。バウハウスの影響が色濃い端整なダイヤルデザインは、ブランドのアイコン。ディスク式パワーリザーブ計は、コンパクトでも赤が目を引く。

ノモス グラスヒュッテ（ディスク式）で学ぶ

パワーリザーブ計のしくみ

歯数が1つだけ違う2つの歯車の回転のズレを利用して残量を表示

分解図

針式パワーリザーブ計の機構は、香箱の外側に構築するため、針位置の自由度が上がる。しかし針を戻す輪列と進める輪列の2系統が必要だから機構が複雑になる。

ノモス グラスヒュッテのディスク式パワーリザーブ計は、上の図のように香箱上で完結している。表示位置はムーブメントの設計で規定されるが、部品が少なく故障しづらい。

遊星歯車は歯車Ａと歯車Ｂに嚙み合っている。巻き上げる際、香箱は回らないが、歯車Ｂは香箱真によって回転し、遊星歯車を動かし歯車Ａを回す。そして巻き戻るときには香箱の回転とともに歯車Ｂが回り、それに伴い遊星歯車は自転しながら歯車Ａ・Ｂの周りを公転して歯車Ａを動かす。歯車Ａの歯数は19、歯車Ｂは20。回転周期が異なるため歯車Ａの窓の位置が徐々にズレ、窓に現れる歯車Ｂの2色のエリアが変わる。

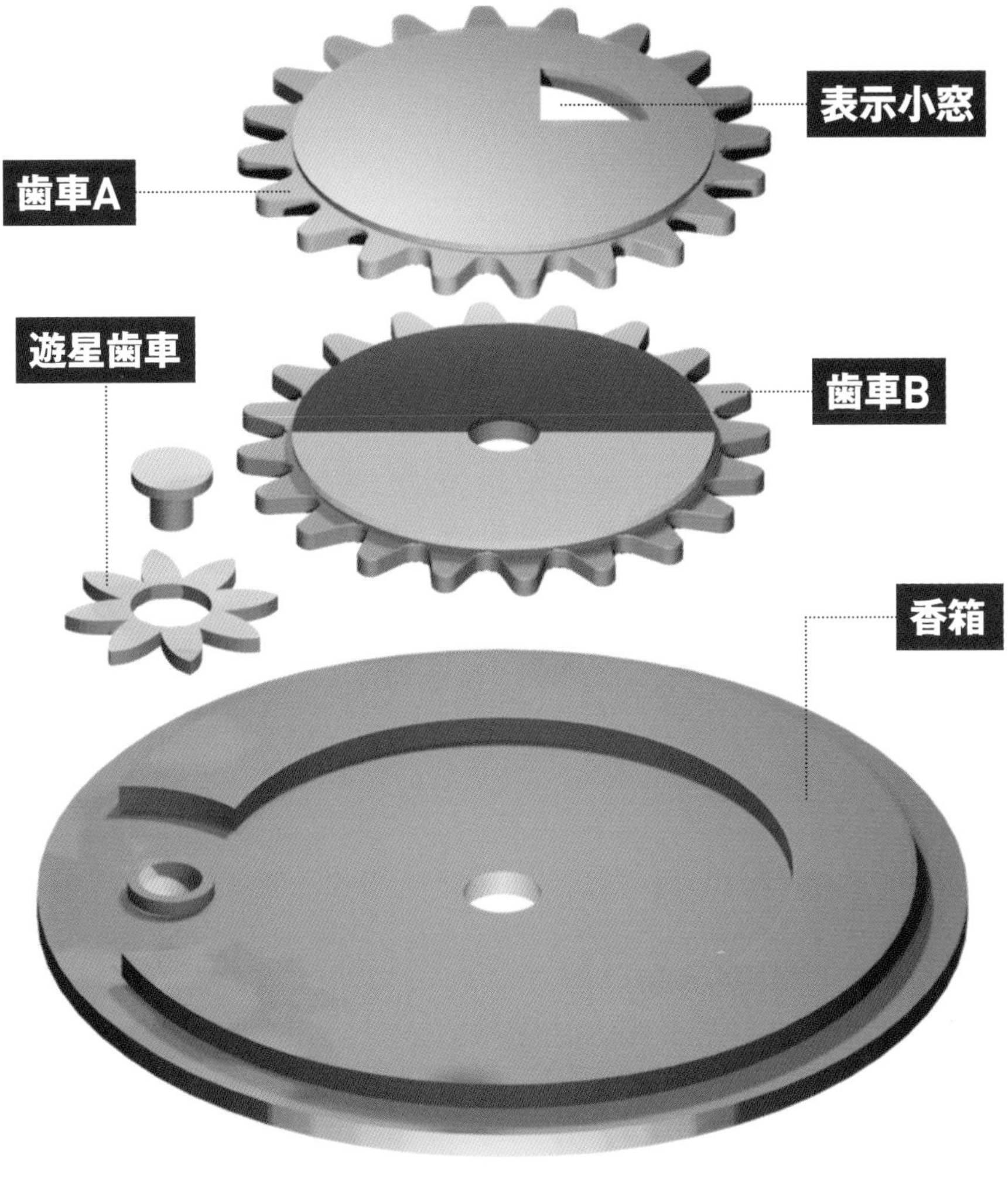

ノモス グラスヒュッテが特許を取得するディスク式パワーリザーブ計に必要な部品は、たった3つの歯車。回転周期の違いを利用するしくみは、極めて合理的でクレバーだ。

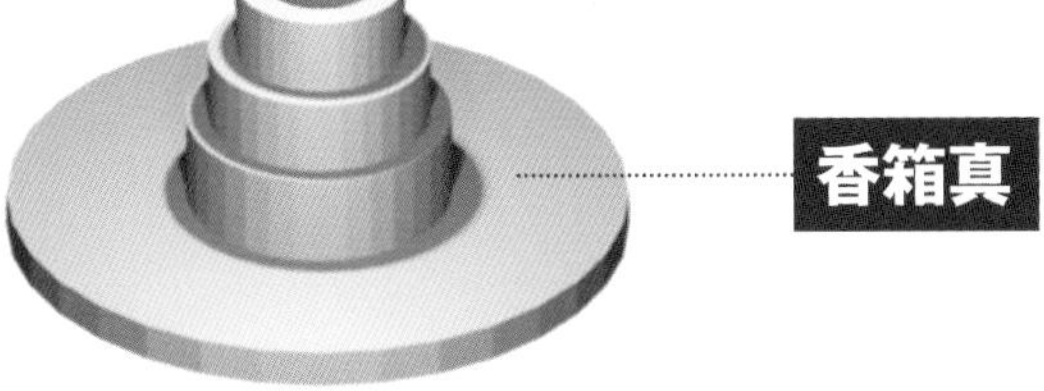

第１章 セミ複雑機構のしくみ 5

世界で活躍するセレブリティの必需品

WORLD TIME

ワールドタイム

インドやネパールなど一部例外はあるが、GMTの項で述べたように世界は１時間刻みの時差で24のタイムゾーンに分かれている。ワールドタイムは、各タイムゾーンの主要な都市の現在時刻を、すべてダイヤル上に表示し、その名の通り世界の時間を一目瞭然にする。この機構は、1935年にジュネーブの時計師ルイ・コティエによって発明され、1937年にパテック フィリップが初めて製品化。以降、同メゾンを象徴する機構の１つとなった。

パテック フィリップのワールドタイムの現行モデル。現在では同様の機構をもつ時計は他社にもあるが、元祖だけあって信頼性は高く、ダイヤル装飾の美しさでも群を抜く。

AZORES
PARIS
B. AIRES
S.GEORGIA
LONDON
CAIRO
NEW YORK
LA PAZ
MEXICO
DENVER
L.ANGELES
HAWAII
MIDWAY
AUCKLAND
NOUMEA
PATEK PHILIPPE
GENEVE
SWISS MADE

パテック フィリップで学ぶ

ワールドタイムの読み方・使い方

回転する都市名&24時間リングで世界主要都市の時刻を表示

ワールドタイムの要となるのが、24時間リングと、24のタイムゾーンを代表する都市名が備わる都市名リングだ。24時間リングは、時針と連動して反時計回りで24時間で1周。そして24時間リングの各数字は、その先にある都市名の現在時刻を示す。24時間リングと都市名リングは10時位置のボタンを押すと1つずつ一緒に送られ、それに伴い主時針が1時間ずつ進み12時位置に来た都市の時刻を示す。この操作の間、分針は止まったままだ。初期設定は簡単。まずボタンで12時位置に自国と同じ時間帯の都市名を合わせ、リューズで現在時刻に針合わせをすれば、全タイムゾーンの時刻も合う。

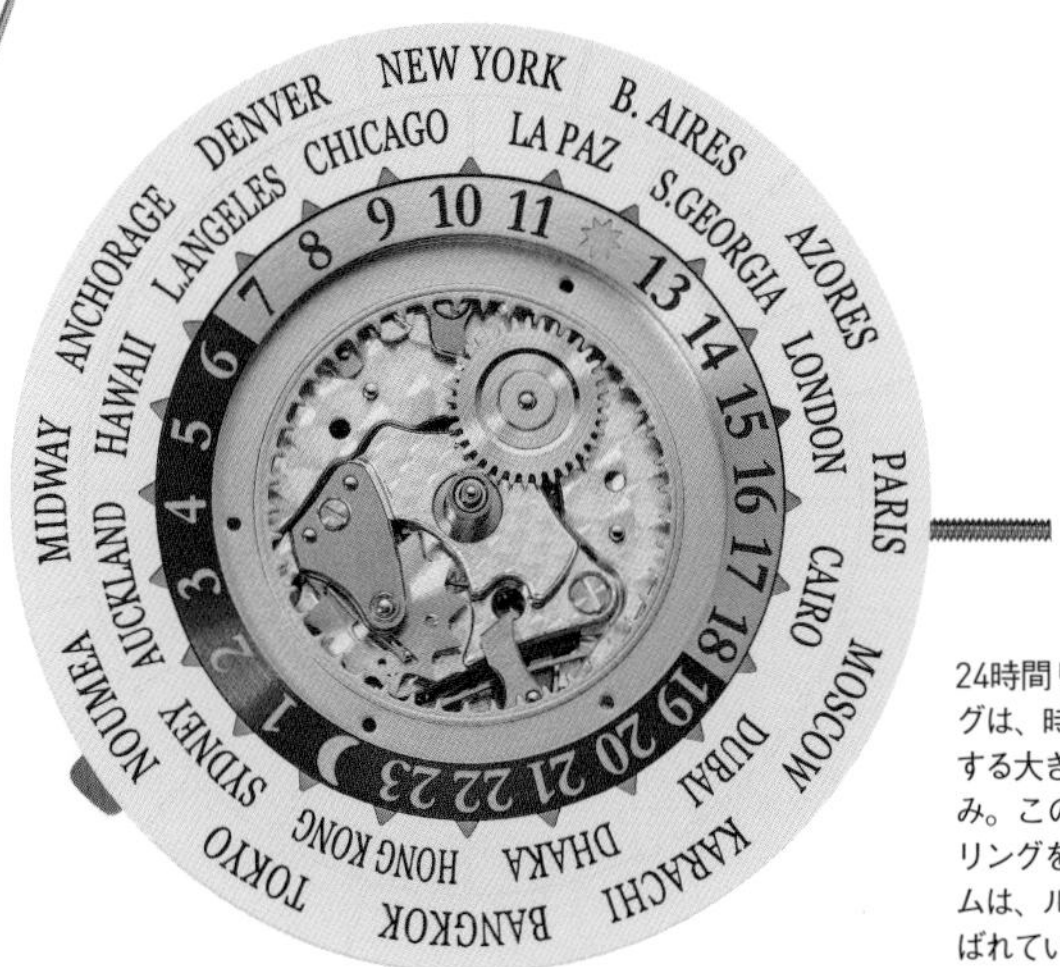

24時間リングと都市名リングは、時針の駆動輪列と連結する大きな歯車が動かすしくみ。この24時間と都市名のリングを用いるワールドタイムは、ルイ・コティエ式と呼ばれている。

「ワールドタイム 5230P」。ボタン操作式のワールドタイムは、1999年に特許を取得。現行モデルは2022年の発表。ダイヤル中央を手彫りギョーシェが華やかに彩る。

パテック フィリップで学ぶ

ワールドタイムのしくみ

独立したプッシュボタンで時針と2つのディスクを一斉送り

時針車[11]には12歯の時星車[10]が載り、その上に歯車[9]が固定されている。時星車[10]は歯車[5]に、歯車[9]は一方向にしか駆動力が伝達しない鋸の刃状の傾いた歯型をもつ鋸歯車[4]の下の歯車[5]に連結。鋸歯車[4]の上の歯車[3]が時針と連動して、24時間ディスクを左回りに進める。

ローカルタイム（現地時間）の設定を、ボタン操作で実現したキーパーツは、二股に分かれたダブル・コレクター・アーム[2]。プッシュボタン[1]を押すと、12時方向に延びる都市名リングセット用ダブル・コレクター・アーム[8]が動き、都市名リング用ジャンパー[7]の助力で都市名を一都市左回りに送る。と、同時に6時方向にある時刻合わせ用ダブル・コレクター・アーム[6]も動き、レバーの先の爪が鋸歯車[4]を回し、時星車[10]を1歯送り、それに伴い主時針と24時間リングは1時間進む。

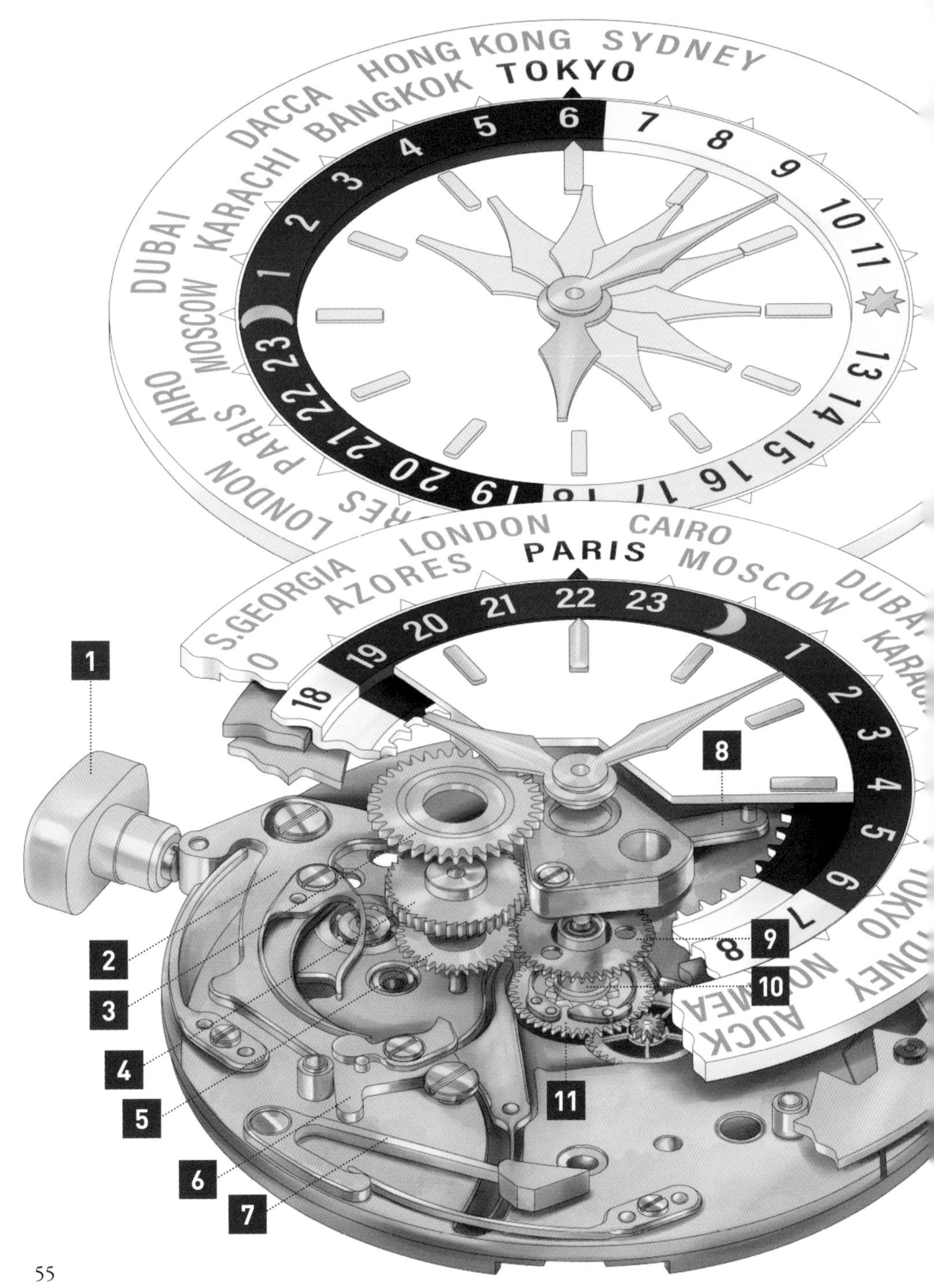
HONG KONG
SYDNEY
TOKYO
BANGKOK
DACCA
KARACHI
DUBAI
MOSCOW
PARIS
LONDON
LONDON
CAIRO
PARIS
S.GEORGIA
AZORES
MOSCOW
TOKYO
1
2
3
4
5
6
7
8
9
10
11

第１章 セミ複雑機構のしくみ 6

見るだけで楽しくなる反復運動

RETROGRADE

レトログラード

レトログラードは、前述したアブラアン - ルイ・ブレゲが製作した懐中時計にもいくつか見られるほど長い歴史をもつ。初期には月や日付、曜日といった長いスパンの表示に使われ、腕時計の時代になってからは時・分・秒の各時間表示にも用いられるようになった。RETROGRADE は「逆行する」の意。この機構が動かす針は通常の円運動ではなく、円弧を描くように進み、終点に至ると起点へ逆行する。その動きはユニークで楽しい。

ヴァシュロン・コンスタンタンは、日付表示と曜日表示の２つに、レトログラード機構を与えた。各針は31日と日曜まで進むと、翌日には１日と月曜日の位置へと逆行する。

1·3·5·7·9·11·13·15·17·19·21·23·25·27
31
VACHERON CONSTANTIN
GENEVE
MONDAY
TUESDAY
WEDNESDAY
THU
FRIDAY

ヴァシュロン・コンスタンタンで学ぶ

［レトログラードの読み方・使い方］

円運動ではなく扇状に動く針が最終地点からフライバック

中に収めたゼンマイが巻き戻る力を利用して回転する香箱による駆動力は、歯車の回転で順に伝達される。ゆえに機械式時計の多くの表示は、針やディスクなどの回転（円）運動で示す。機械的に極めて理にかなった時計のしくみに、レトログラードは文字通り〝逆行〟する。

　レトログラード機構のインデックスは、円の一部を切り取った円弧状に配され、針は扇状に進んで各数字や表記を順に指し示していく。そして針が終点に至り、その表示が済むと、瞬時に起点へと逆行し、新たなサイクルをスタートさせる。動きこそ奇抜だが、読み方や大半の調整方法は円運動表示の場合と同じだ。

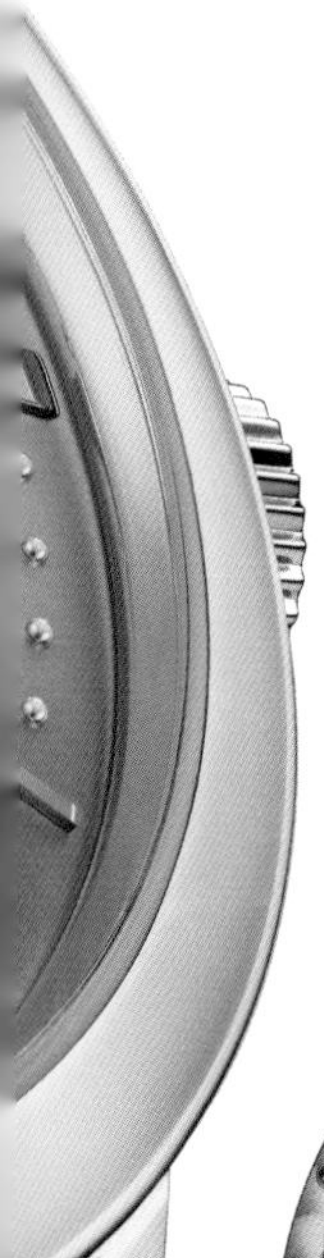

レトログラードのモジュールはダイヤル側に載るので、裏蓋側からの見た目は通常の自動巻きと同じ。そのベースムーブメントは薄型設計で、入念な手仕上げがなされている。

「パトリモニー・レトログラード・デイ/デイト」。バウハウスの原則のひとつである“Less is more”に通じるミニマルなダイヤルデザインの中で、日付と曜日、２つのレトログラード機構が際立つ。

ヴァシュロン・コンスタンタンで学ぶ

レトログラードのしくみ

カタツムリ型のカムの働きで針が往復運動を繰り返す

ヴァシュロン・コンスタンタンは、１つのレトログラード機構にレバー車を２対用い、耐久性を向上させている。２対４本のレバー車は、中央が日付用、下側が曜日用。

機械のパーツ形状は、司る機能の動き方に従う。一般的な円運動する時計の針を動かすのは、円形の歯車。そしてレトログラード機構の扇状の運針は、やはり扇の上に歯を並べたようなレバー車が司る。

レトログラード機構の起点となるのは、目的とする表示の周期で回転するスネイル（カタツムリ）カム。レバー車の先端は、スネイルカムに接していて、レバーの歯は指針が載る針車と噛み合っている。スネイルカムの回転に応じてレバー車は動き、それと接合する針車を回して指針を進める。そしてスネイルカムが1周期分回転して、レバーの先端がカムの突起に至ると、針は表示の終点を指す。その間、戻しバネはトルクをチャージ。そしてさらにスネイルカムが回ると、レバーの先端はカムの最小半径部に落ち込み、バネの力も利用して瞬時に針を起点に戻す。

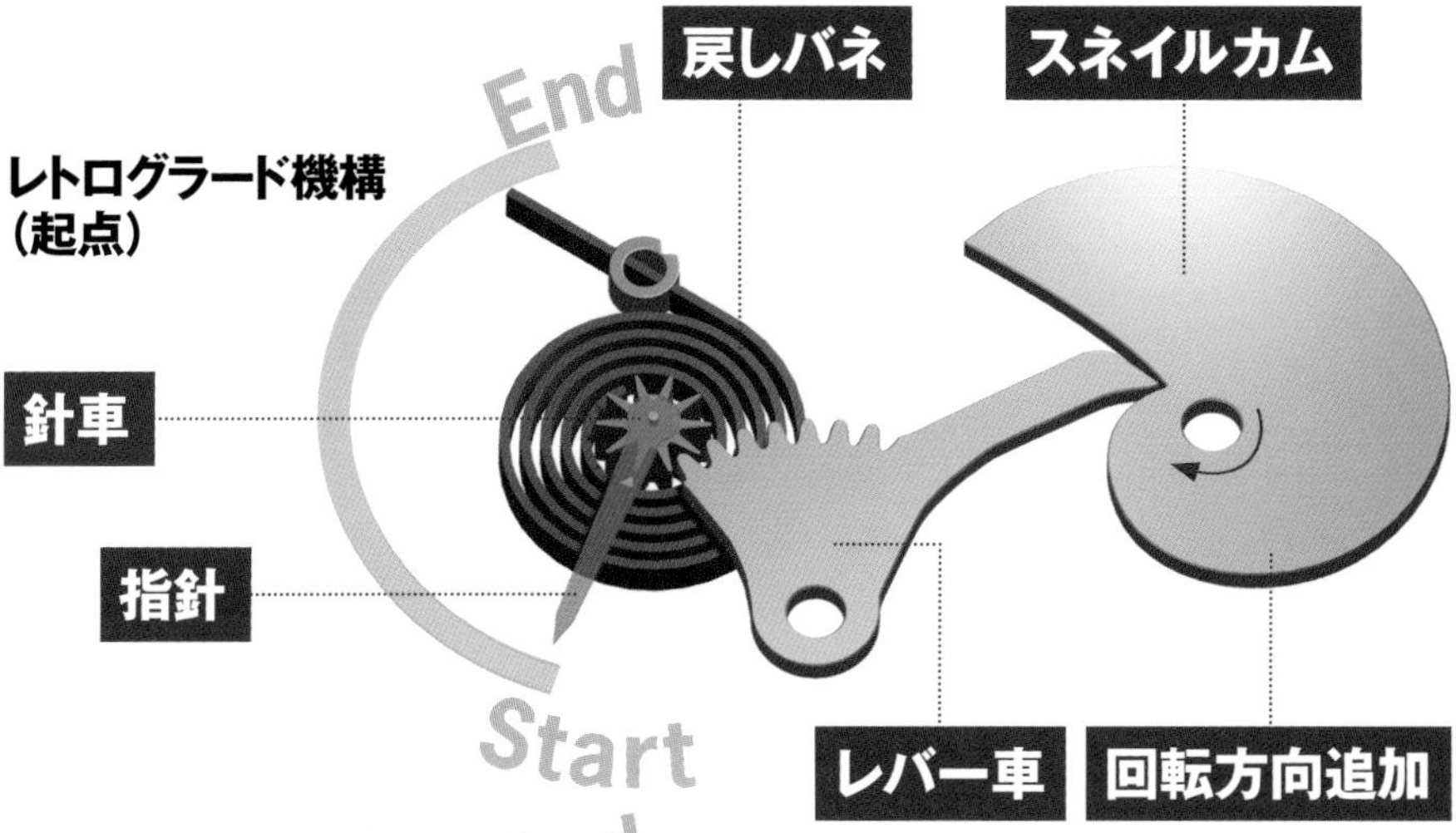

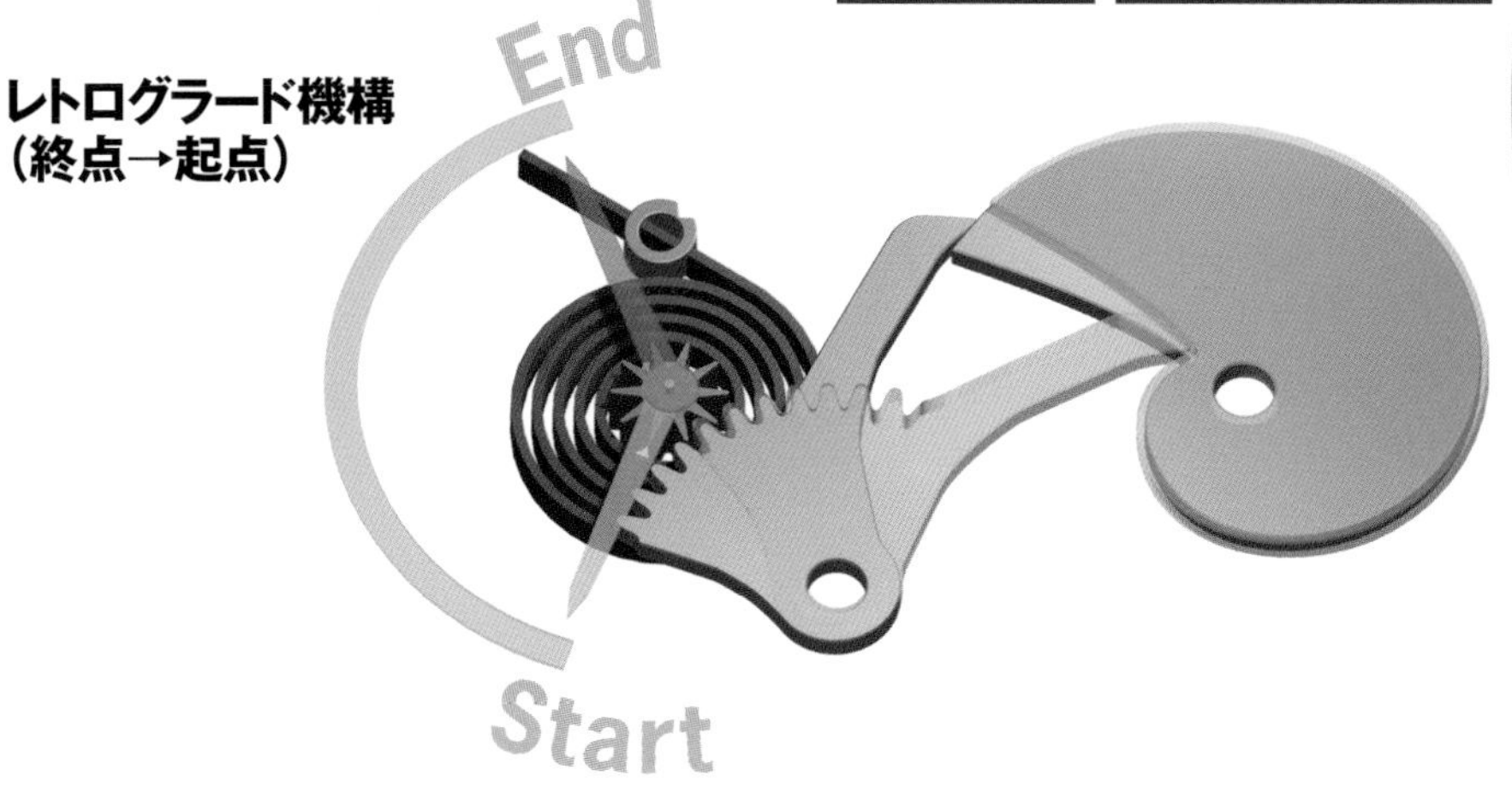

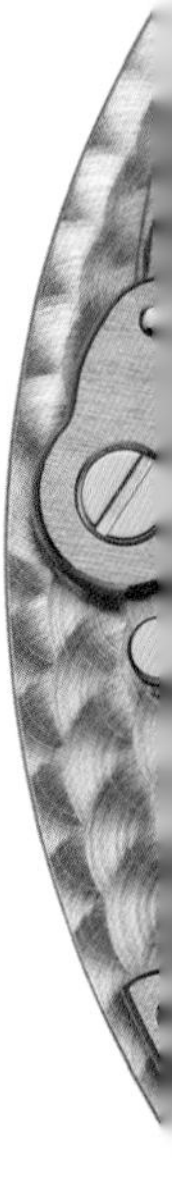

第1章　セミ複雑機構のしくみ 7

デジタル表示が瞬時にジャンプ

JUMPING HOUR

ジャンピングアワー

時針に代わって時刻を示す小窓の数字が、毎正時にジャンプするかのように瞬時に切り替わる。ゆえに機構名は、ジャンピングアワー。アワーのデジタル表示は、19 世紀に作られた懐中時計に見られ、アブラアン - ルイ・ブレゲによる発明だとの説もある。動き続け、インデックスから外れる時針と違い、常にその時刻を数字で示すから見誤ることがなく、また分針だけが独立して動くため、分が読み取りやすくなるのがメリットだ。

レゼルボワールは、ジャンピングアワーを得意とするブランドの1つ。ダイヤルには透明なサファイアクリスタルを用い、ユニークなデジタル表示のメカニズムを見せている。

SERVO
SWISS MADE
06

レゼルボワールで学ぶ

ジャンピングアワーの読み方・使い方

時針ではなく小窓からのぞく回転ディスクで時表示を行う

左のモデルの展開図。最も広く使われる汎用の自動巻きムーブメントをベースに、ダイヤル側にジャンピングアワーとレトログラードミニッツのモジュールを重ねた。

インデックスをプリントした回転ディスクを用い、小窓に現れる数字を読み取るという点において、ジャンピングアワーはデイト表示と同じせいか、ジャンピングアワーが備わるモデルの大半は、デイト表示をもたない。

読み方は、感覚的に理解できるだろう。窓の数字で時（アワー）、分針が示すインデックスで分を知る。針合わせの方法も、通常の針表示と同じ。リューズ操作で分針を送ると、毎正時の位置に針が来るたびに、アワー表示の数字が切り替わっていく。

また時針が、その時刻の間、動かずに停止したままで、正時に次のインデックスにジャンプするしくみの時計も、ジャンピングアワーと呼ぶ。

「GT ツアー スケルトン」。ジャンピングアワーに加え、分針をレトログラード式とし、車のメーターを模す。時表示窓の下にパワーリザーブ計を装備。

ジャンピングアワーのしくみ

60分周期のスネイルカムとレバーが連動し、アワーディスクを動かす

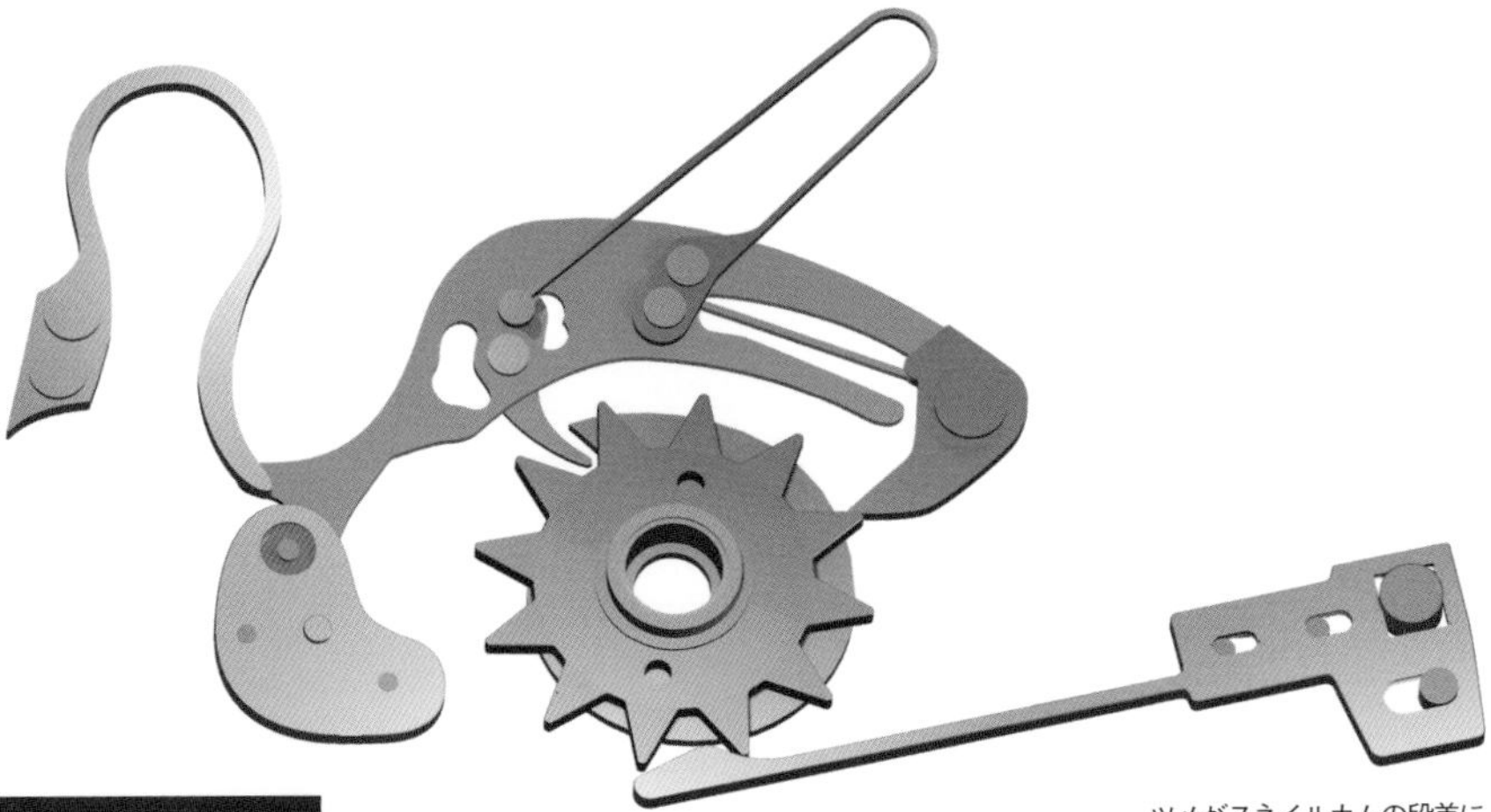

ツメがスネイルカムの段差に落ち、動いたジャンピングレバーの送りヅメが、時星車を押し回す。回転した時星車は、規制バネの先端の突起で、正確な位置に固定される。

スネイルカム

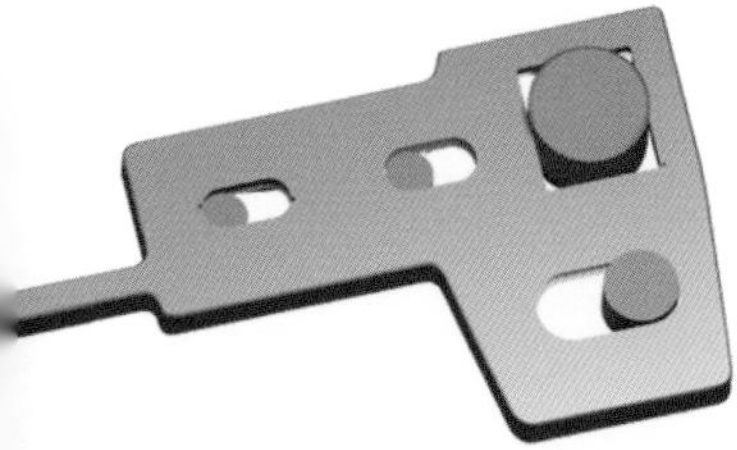

爪が段差に落ちた後、スネイルカムの回転で送りヅメは時星車から離れる。ジャンピングレバーの急速な動きをスプリングが促し、衝撃をレバースプリングが吸収する。

※画像はレゼルボワールのものではありません。

前述したようにジャンピングアワーはデイト表示に似るが、しくみははるかに複雑だ。キーパーツは、レトログラードにも登場したスネイルカムとそれに連なる時星車、そしてジャンピングレバーである。

スネイルカムは分針と連動して60分で1周するが、その上に載る時星車は連動せず停止したまま。そして時星車の外側には、アワーディスクを動かす輪列が構築されている。ジャンピングレバーの中央に取り付けたツメは、スネイルカムの外縁をなぞる。正時から60分が経過すると、ツメがスネイルカムの頂点に達し、その後、カムの段差に落ち込み、ジャンピングレバーを大きく動かし、送りヅメが時星車を1歯分進め、アワーディスクの数字を切り替える。

送りヅメは、正時にしか時星車に接しないから、その間、アワーディスクが動くことはない。

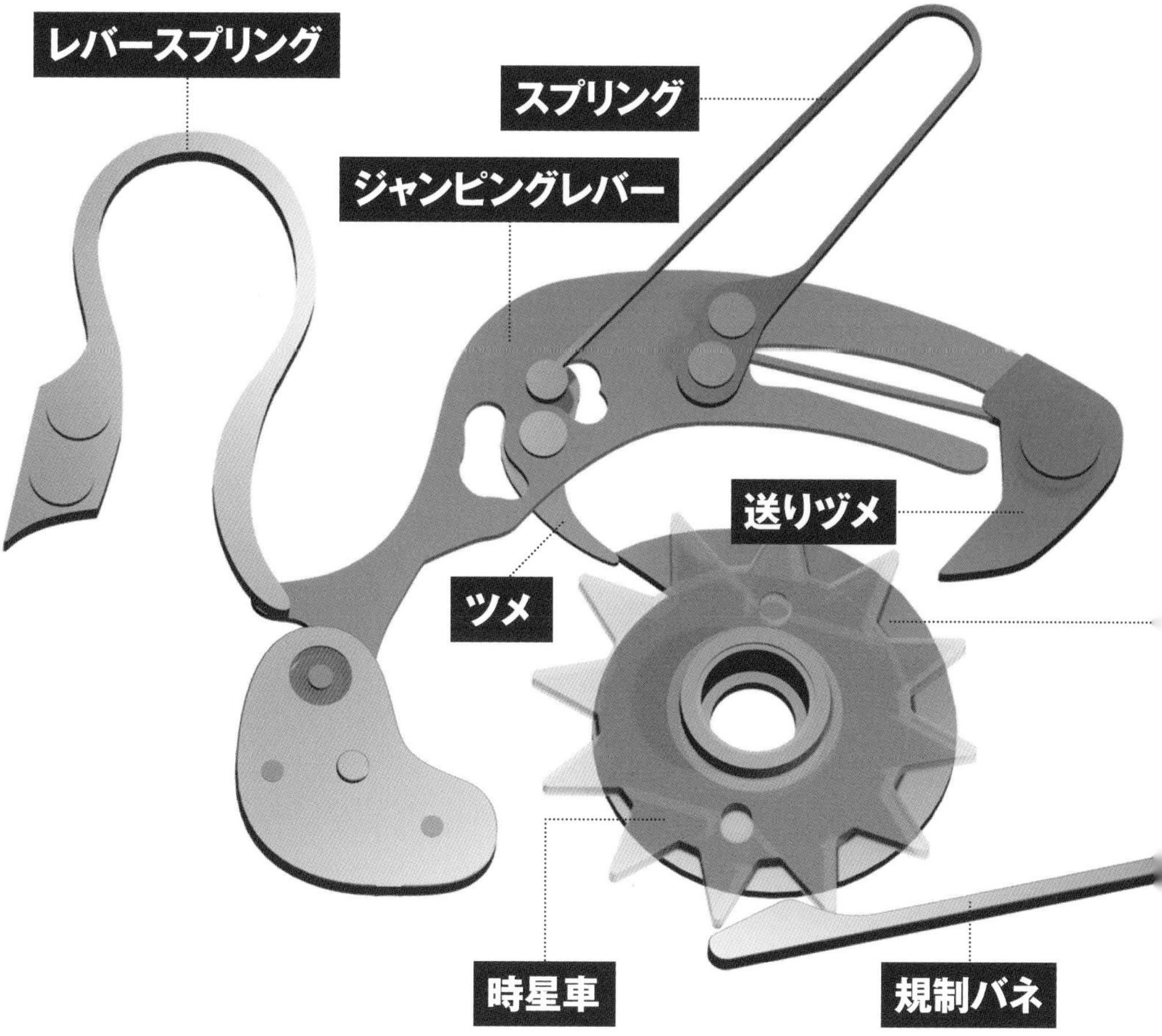

第1章 セミ複雑機構のしくみ 8

音と振動で時刻を伝える

ALARM

アラーム

あらかじめ設定した時間になると、音を鳴らして知らせる――アラーム機能は、17世紀のクロックにすでに見られるが、腕時計に搭載されるには、1940年代後期まで待たなければならかった。ムーブメントにはハンマーが備わり、それがケースの裏蓋の内側に設けたピンか専用のゴングを繰り返し打ち、設計時間の訪れを知らせる。音色はゴング式の方が優れるが、裏蓋のピンを叩くタイプは、振動が腕に伝わり、気付きやすい。

1947年誕生のアラームウォッチの始祖、ヴァルカンの「クリケット」のムーブメント。時刻表示用とアラーム用の香箱が備わり、リューズの回す方向によって一方が巻き上がる。

SWITZERLAND
SEVENTEEN
17 JEWELS
VULCAIN
WATCH Fy

ヴァルカンで学ぶ

アラームの読み方・使い方

二段階のプッシュボタンでアラーム設定にリューズを切り替え

「クリケット アビエーター デュアルタイム」。4時位置のリューズで12時間目盛りのインナーベゼルを回すと、第二時間帯がわかる。裏蓋は、音が豊かに反響する二重構造となっている。

左の写真で、赤い三角の指標をもつ針がアラーム設定用。そのリューズ操作は、2時位置のプッシュボタンによって切り替える。

　ボタンとリューズは二段階になっていて、リューズを完全に押し込みボタンが一段上がるとゼンマイの巻き上げができ、アラームがオンになる。そこからボタンを押し込むと、リューズは一段上がって操作ができないニュートラルな状態となり、アラームも鳴らない。そこからリューズを引き出すと、通常の針合わせができる。再びボタンでニュートラルに戻し、さらにボタンを押し込むと、リューズが飛び出してアラーム設定ができるようになる。設定後、リューズを押し込めば、準備は完了だ。

VULCAIN
cricket
Dual-time
100 M - 330 f
SWISS
MADE

ヴァルカンで学ぶ

アラームのしくみ

専用のアラーム香箱の動力でハンマーが裏蓋のピンを叩く

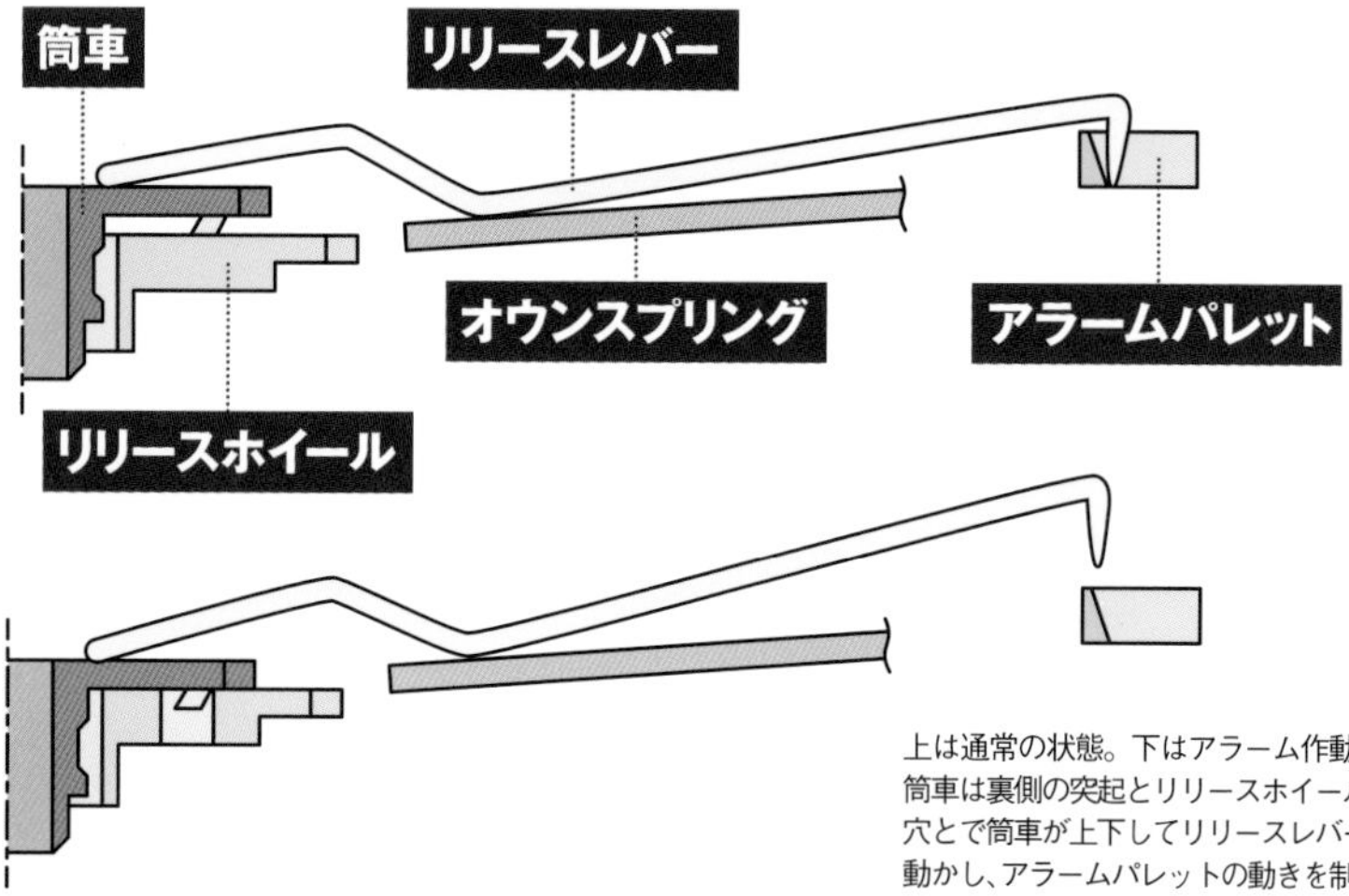

上は通常の状態。下はアラーム作動中。筒車は裏側の突起とリリースホイールの穴とで筒車が上下してリリースレバーを動かし、アラームパレットの動きを制御。

アラームウォッチの始祖、クリケットは、極めて簡潔な設計で機構を実現した傑作である。

　主時針が載る筒車と重なるリリースホイールには、アラーム針が取り付けられている。筒車の裏には３つの突起が、リリースホイールには３つの穴が備わる。アラーム香箱が巻き上がっていても、音が鳴らないのは、筒カナの上に載るリリースレバーの先端がアラームパレットの動きを止めているから。そして主時針とアラーム針が重なると、筒車の３つの突起がリリースホイールの穴にすべて落ちて筒車が下がり、リリースレバーがアラームパレットから外れる。すると香箱の力でストライクホイールが回りはじめ、歯の先がアラームパレットの突起を次々と押す。それに伴いハンマーが高速で振動して、裏蓋の内側に取り付けられたピンを繰り返し叩いて音を鳴らす。

クリケットの裏蓋をオープン。姿を見せるムーブメントは、P.69にある現行モデルと基本設計は変わらない。まさにロングセラーの名機だ。

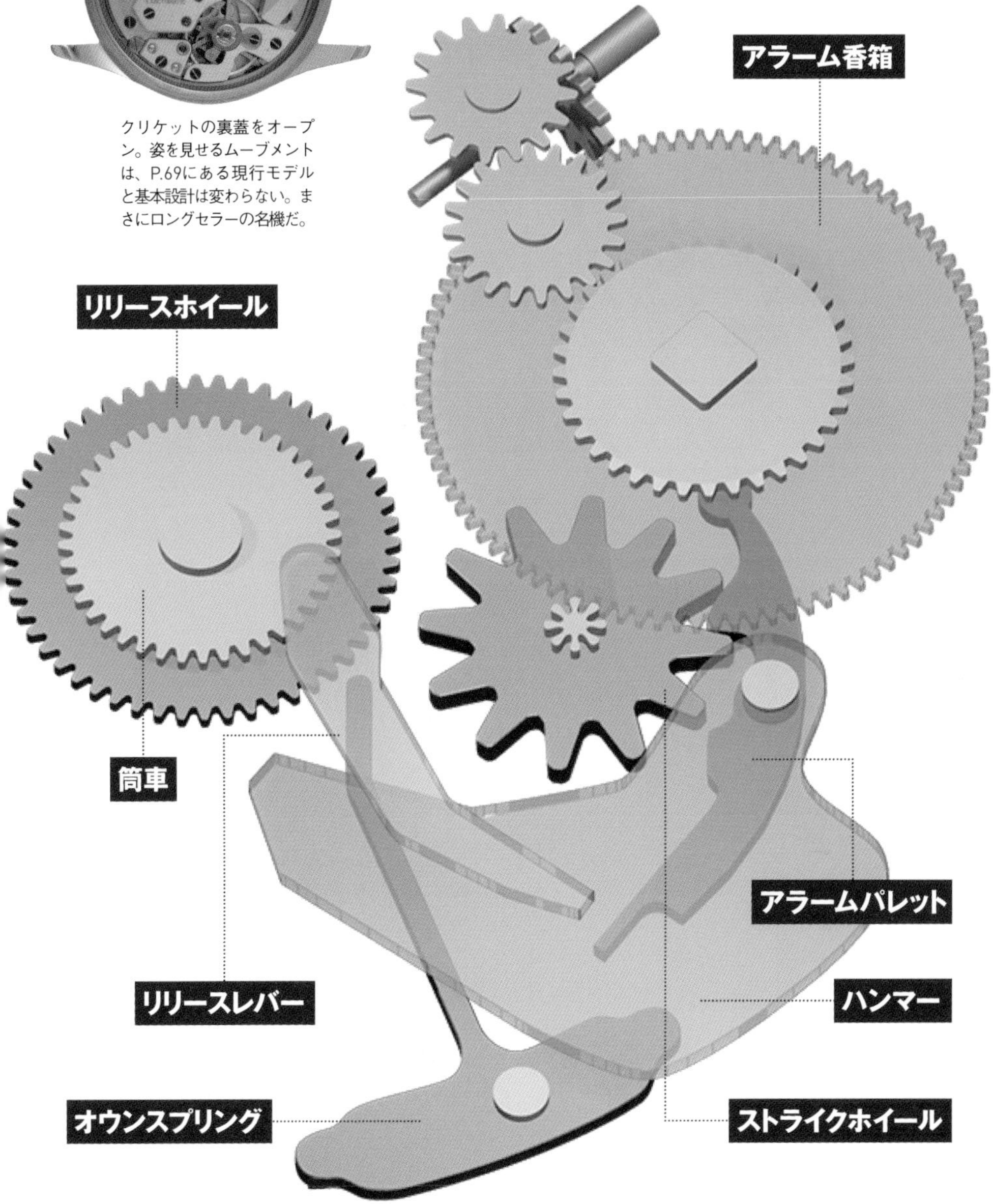

第1章 セミ複雑機構のしくみ 9

カレンダーの調整は1年に1回だけ

ANNUAL CALENDER

アニュアルカレンダー

懐中時計の時代から日・曜日・月の暦表示が備わるトリプルカレンダーや、それにムーンフェイズを追加したコンプリート（フル）カレンダーは存在していた。パテック フィリップは1996年、これらのカレンダー機構に、月末が30日と31日の月を自動的に判別する機構を与え、アニュアル（年次）カレンダーの名で特許を取得した。極めて利便性が高いカレンダー機構は、その後他社も追随。今では複数のブランドがラインナップしている。

月と曜日表示をインダイヤル、日付を窓表示としたパテック フィリップの年次カレンダーモデルの一例。ムーンフェイズも備わり、122年に1日の誤差という高精度を誇る。

PATEK PHILIPPE
GENEVE
SAT
SUN
FRI
THU
WED
NOV
SEP
JUL
SWISS
18

パテック フィリップで学ぶ

アニュアルカレンダーの読み方・使い方

大の月と小の月を判別し 暦の調整は3月1日だけ

現在の世界基準であるグレゴリオ暦には、大の月（月末が31日）と小の月（月末が30日）が存在し、さらに2月は例外的に月末が28日で、閏年には29日となる。また月の大小も交互ではなく、7月と8月は大の月が連続する。結果、通常のデイト機能は頻繁に表示がずれ、その都度調整するのが煩わしい。

アニュアルカレンダーは、月の大小を自動で判別し、正しく暦を進めてくれる実用性に優れた機構だ。暦の調整が必要となるのは、月末の数字が例外となる2月末日の翌日、つまり3月1日だけ。その際、曜日とムーンフェーズは調整不要で、日付と月表示を進めるだけでいい。

自動巻きだから毎日着けていれば1年間、暦はズレない。そのムーブメントの仕上げは完璧。ケースサイドに埋め込まれた4つのコレクターで、それぞれの暦表示を調整するしくみだ。

「年次カレンダー 4947」。絹織物にも似た縦横にラインが入るブルーダイヤルの上で、3つのインダイヤルを絶妙なバランスで配置。各表示の視認性は極めて高い。

パテック フィリップで学ぶ

アニュアルカレンダーのしくみ

同軸上にある2つのフィンガーで 2・4・6・9・11月を早送り

デイトディスクの10の左下に日車と月表示ロッキングアームが確認できる。月表示ロッキングアームは、特徴的な形状からドルフィンとの愛称をもつ。

アニュアルカレンダーには月の大小を判別するため、月表示が不可欠である。月表示を送るのは、1年で1周する12の歯を持つ月星車8。それと重なる31歯の日車5が、24時間車9の同軸に設置した二層構造のフィンガーの内、下側の7で1日に一度送られることで、デイトディスクを31日まで順に進める。

さらに日車5にはイルカ型の月表示ロッキングアーム3が載り、月星車8と同期して1年で1周する小の月となる位置に5つの突起をもつ月識別カム1が重なる。小の月の月末には月識別カム1の突起の上に、月表示ロッキングアーム3の突起2が乗り上げ、もう1つの突起4がフィンガー6に当たり、日車5を1歯回す。続いて通常の日送り通り、フィンガー7が日車5を1歯回すため、合計2日分デイトディスクが進められ、31日の表示がキャンセルされる。

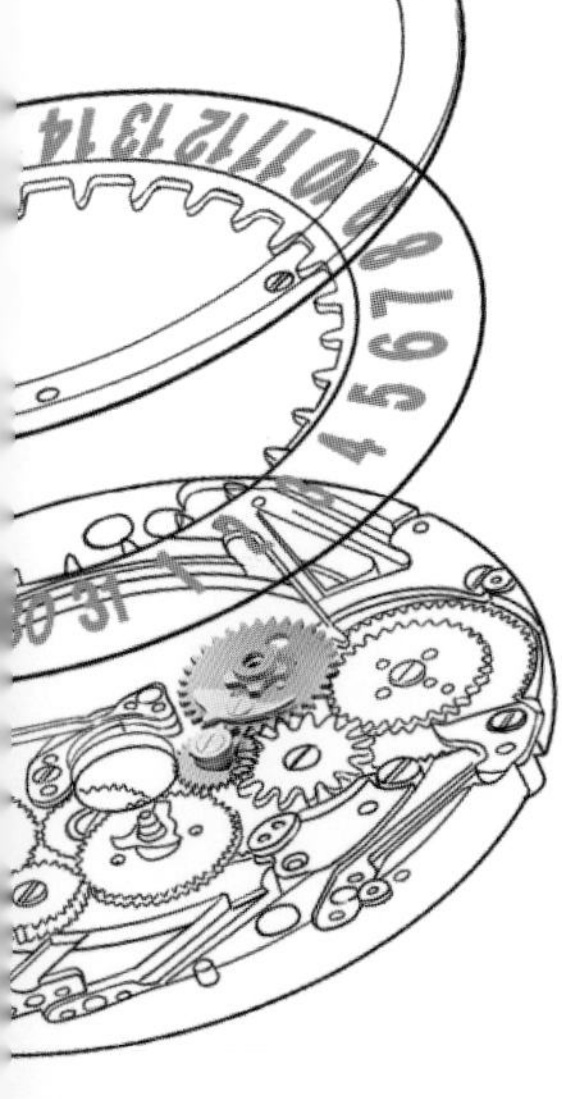

1
2
3
4
5
6
7
8
9

第2章

クロノグラフのしくみ

クロノグラフとは、ストップウォッチ機能をもつ時計を指す。
プッシュボタンを押して、経過時間を計測する。
時計機構では数少ない、操作する楽しさが享受できるのが魅力。
複数のインダイヤルが備わるダイヤルがメカツールっぽく、
またムーブメントも見るからに複雑なため、人気が高い。

クロノグラフの分解図。ムーブメントは歯車だけでなく、実にさまざまな形状のレバーやスプリングによって構成されている。これらが連携し、経過時間の計測を可能とする。

オメガで学ぶ

クロノグラフの読み方・使い方

2つのプッシュボタンで操作するストップウォッチ

クロノグラフの操作は、2つのプッシュボタンで行う設計が最も広く普及している。ボタンは、1がスタート／ストップ、2がリセットを担当する。1を押すとクロノグラフ秒針（秒積算計針）3が動き始め、それが1周して1分間を積算する度に30分積算計4の針が進み、さらに1時間が経過するごとに12時間積算計5の針が進む。そしてプッシュボタン1を押すと、すべての積算計針はストップし、その後プッシュボタン2を押せば全積算計針は0位置に戻る。ボタンが1つだけで、押すたびにスタート・ストップ・リセットを繰り返すワンプッシュ（モノプッシャー）式も存在する。

オメガの「スピードマスター」は、NASAのアポロ計画の公式装備品として、月面着陸に同行した伝説のクロノグラフ。ブランドの象徴であり、ファンも多い。

TACHYMÈTRE
OMEGA
Speedmaster
3
4
5

「スピードマスター」の一部のモデルに搭載されるキャリバー321。アポロ計画で、月面に降り立った唯一の機械式ムーブメントで、古典的な名機の1つだ。

オメガで学ぶ

クロノグラフのパーツの名称

ムーブメントの基礎用語

1 分積算計歯車

30分積算計針を動かす歯車。後述する秒クロノグラフ車[3]の0位置に備わる突起が1周するごとに、この分積算計歯車に接合する中間車を1歯ずつ押し回し、分積算計歯車を順に送っていく。

2 ハートカム

秒・分の各積算計針が載る歯車に固定される、その名の通りハートに似た形状をしたカム。リセットボタンを押すと、ハンマー[6]がバネの力でこれらのカムを叩き、各針を0位置にまで戻す。

3 秒クロノグラフ車

ダイヤルのセンターにあるクロノグラフ秒針を動かす歯車で、1分間で1周する。スタートボタンを押すとクロノグラフ中間車[4]と接合し動きはじめる。その際、滑らかに接合するよう、歯数が多い。

4 クロノグラフ中間車

クロノグラフのクラッチを司る歯車。常に回転しているクロノグラフ駆動車[5]と噛み合って動き続け、スタートボタンを押すとスライドして秒クロノグラフ車[3]に接合し、ストップ時には離れる。

5 クロノグラフ駆動車

スモールセコンドを動かす歯車と同軸に設置されていて、常に動き続けている。クロノグラフ作動時には、クロノグラフ中間車[4]を介して香箱からの駆動力を秒クロノグラフ車[3]に伝達する。

6 ハンマー

リセットボタンを押すと作動するレバー。リセット操作時には、レバー先端がハートカム[2]を叩くため、ハンマーと呼ばれる。その際、ブレーキレバー[7]を解除する方向に動かす役割も持つ。

7 ブレーキレバー

作動中のクロノグラフをストップさせた際、クロノグラフ中間車[4]から切り離された秒クロノグラフ車[3]の外縁に接して、その動きを完全に止める。リセット時には、ハンマー[6]で跳ね上げられる。

8 コラムホイール

歯車上に複数の柱（ピラー）が備わるパーツで、別名ピラーホイール。各操作時、一定方向に回転し、ハンマー[6]や主作動レバー[9]などの終端が歯車に噛み合ったり、柱に乗り降りし、機能する。

9 主作動レバー

スタート・ストップボタンにつながるレバー。その一方の終端のツメ（主作動ツメ）が、コラムホイールの下側の歯車部分に引っかかっていて、プッシュボタン操作時に、コラムホールを回す。

10 カップリングクラッチ

スタート・ストップ時に、クロノグラフ中間車[4]と秒クロノグラフ車[3]との接合・解除を行う装置。この終端のツメがコラムホイールの柱の上下に動くことで、クロノグラフ中間車[4]を移動させる。

5
3
4
2
10
9
8
7
1
6
SWISS
SEVENTEEN
OMEGA
WATCH Co
Stainless Steel

コラムホイール式で学ぶ

クロノグラフの操作

高精度な制御を司る円柱型のキーパーツ

前述したようにクロノグラフの操作は、複数のピラー（柱）が備わるコラムホイールがコントロールしている。形状が複雑で量産が難しかったため、かつては高級機の象徴であった。しかし2000年以

← 1

主作動レバーがAを回すとBのツメが柱の間に落ち左上に移動。Cからの駆動力で回転しているBとEとが接合し、クロノグラフが作動する。

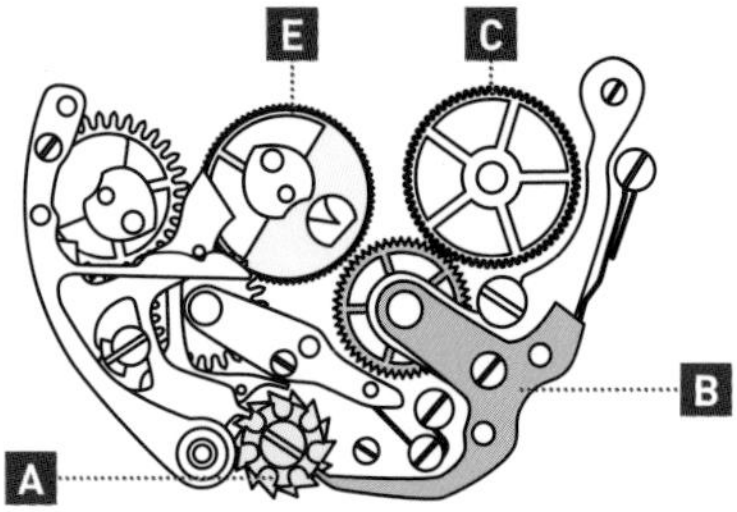

スタート

← 1

プッシュボタンを押して主作動レバーが再度Aを回すと、BのツメがAの柱に再び乗り上げ、DがEから離れ、Cからの駆動力が切断される。

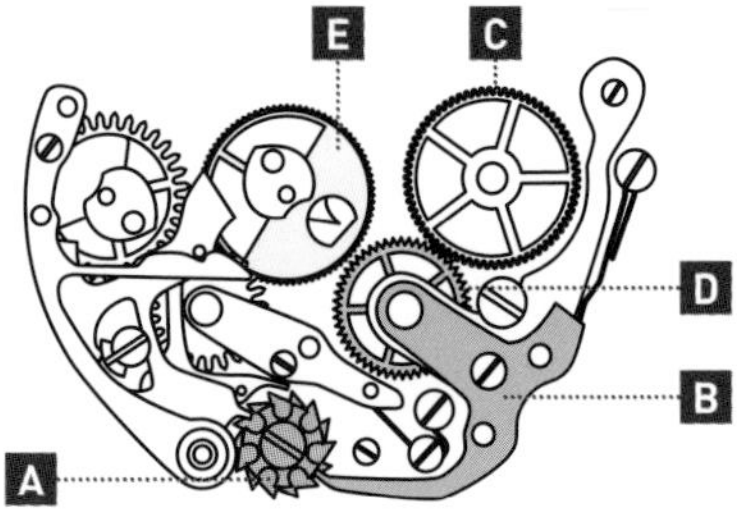

ストップ

← 1

リセット時にはFのツメがハンマースプリングGの力でAの柱の間に落ちて秒・分2つのハートカムを打ち、各積算計針を0位置に戻す。

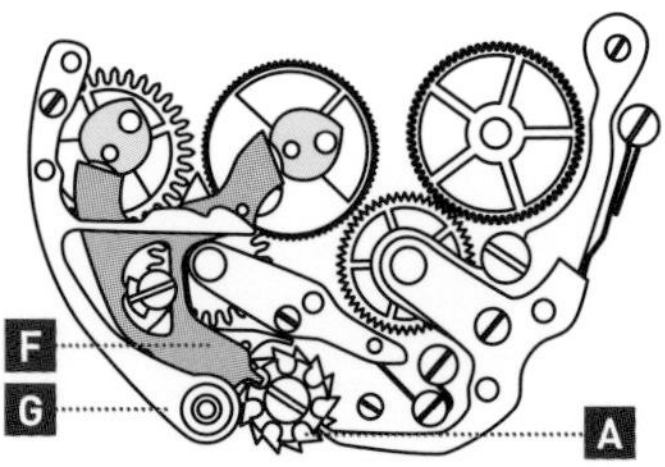

リセット

降、自社製クロノグラフの開発が活性化し、各社がコラムホイールを採用。工作機械も進歩し、量産が可能にもなり、今ではコラムホイール式が大勢を占めるようになった。

下は、各操作時の動きを示した機構図。前ページの「クロノグラフのパーツの名称」で解説した、スタート・ストップ時にコラムホイールを回す主作動レバーは、省略している。図中のパーツは、A「コラムホイール」、B「カップリングクラッチ」、C「クロノグラフ駆動車」、D「クロノグラフ中間車」、E「秒クロノグラフ車」、F「ハンマー」、G「ハンマースプリング」、HはI「分積算計中間車」を移動させる「スライディングギア」。しかし現行ムーブメントの多くには備わらず、分積算計車は固定されている。J「分積算計車」、K「送りヅメ」、L「ブレーキレバー」、M「ハートカム」。

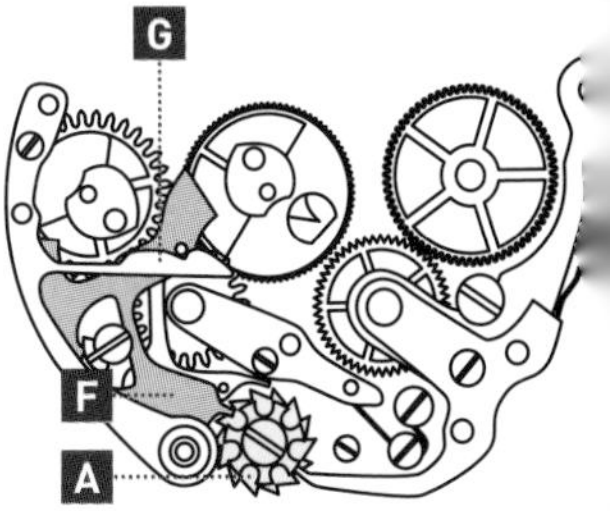

2

右の動きの中で、コラムホイールAの柱でハンマーFは跳ね上げられ、ハンマースプリングGのカギの部分に引っ掛かり保持される。

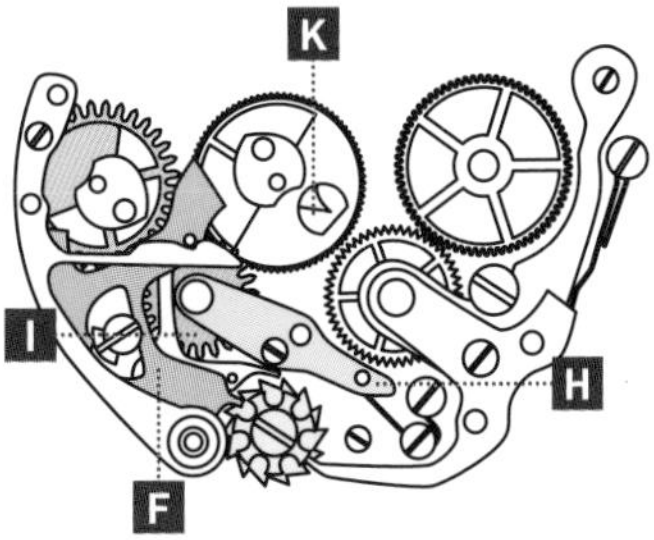

3

ハンマーFが跳ね上がると、スライディングギアHが右上に動き、分積算計中間車Iが、その送りヅメKに的確に当たる位置に移動する。

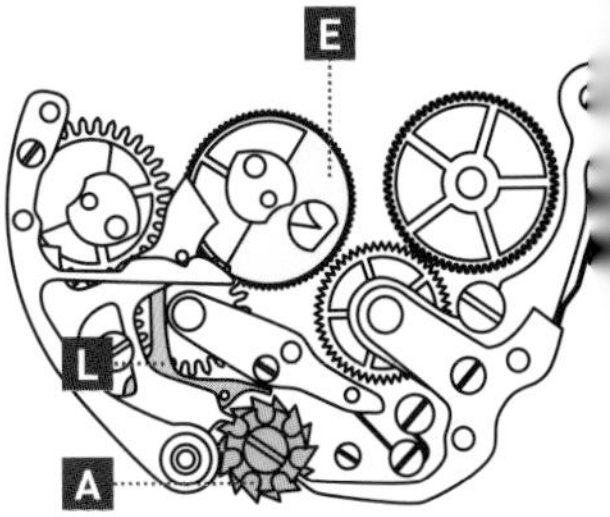

2

図1と同時に、ブレーキレバーLの先端がコラムホイールAの柱の間に落ちて移動。秒クロノグラフ車Eの外縁に触れ、ふらつきを抑える。

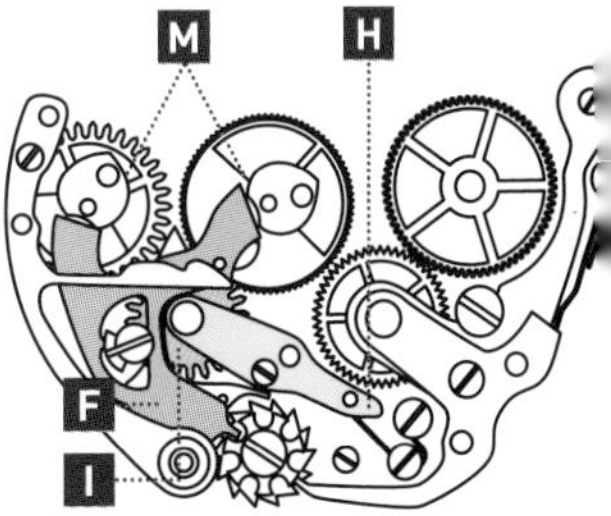

2

ハンマーFは、ハートカムMを打つと同時にスライディングギアHを左下に移動させ、分積算計中間車Iと送りヅメKとの接触を切り離す。

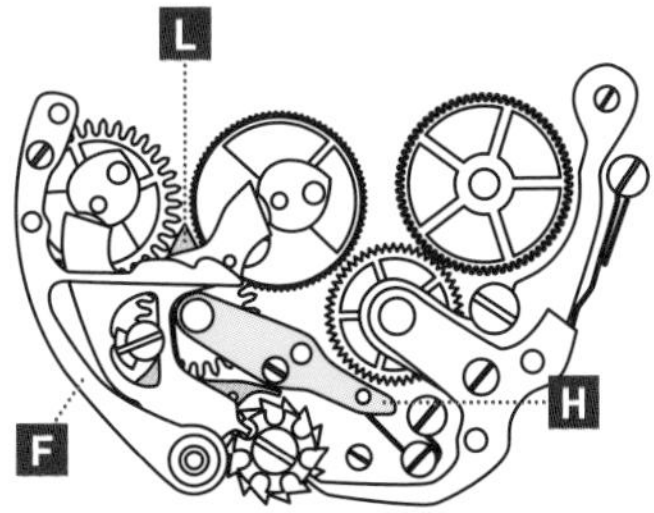

3

その際、スライディングギアHはブレーキレバーLを跳ね上げ、ブレーキを解除。Hをもたない場合は、ハンマーFがブレーキを解除する。

代表的な3つのタイプを紹介

クロノグラフの動力伝達方式

クロノグラフはクラッチ機構で動力を伝えたり、切り離したりする。
そのしくみは、主に3種。それぞれの長所と短所を交え、解説する。

最も古典的なメカニズム

キャリングアーム式

3つのクラッチ機構の中で、最も歴史が長いのが、キャリングアーム式だ。前ページの「クロノグラフの操作」も、この方式の解説である。そこで述べたように、スタート・ストップボタンを押すたびに、主作動レバーがコラムホイールを回す。それに伴い、カップリングクラッチのレバーの終端が、コラムホイールの柱の上に乗るとクロノグラフ中間車は水平に動いて秒クロノグラフ車と接合し、柱と柱の間に落ちると、切り離される。クラッチが水平に動くから、別名は水平クラッチ。

見栄えがいいため、手巻きの高級機に多用される。一方、スタート時には停止している歯車と回転している歯車が噛み合うため、最初にクロノグラフ秒針が1秒以上進んでしまう（針飛び）ことも。またクロノグラフ作動中のトルクロスが大きく、動かしたままだと精度が落ちやすい。

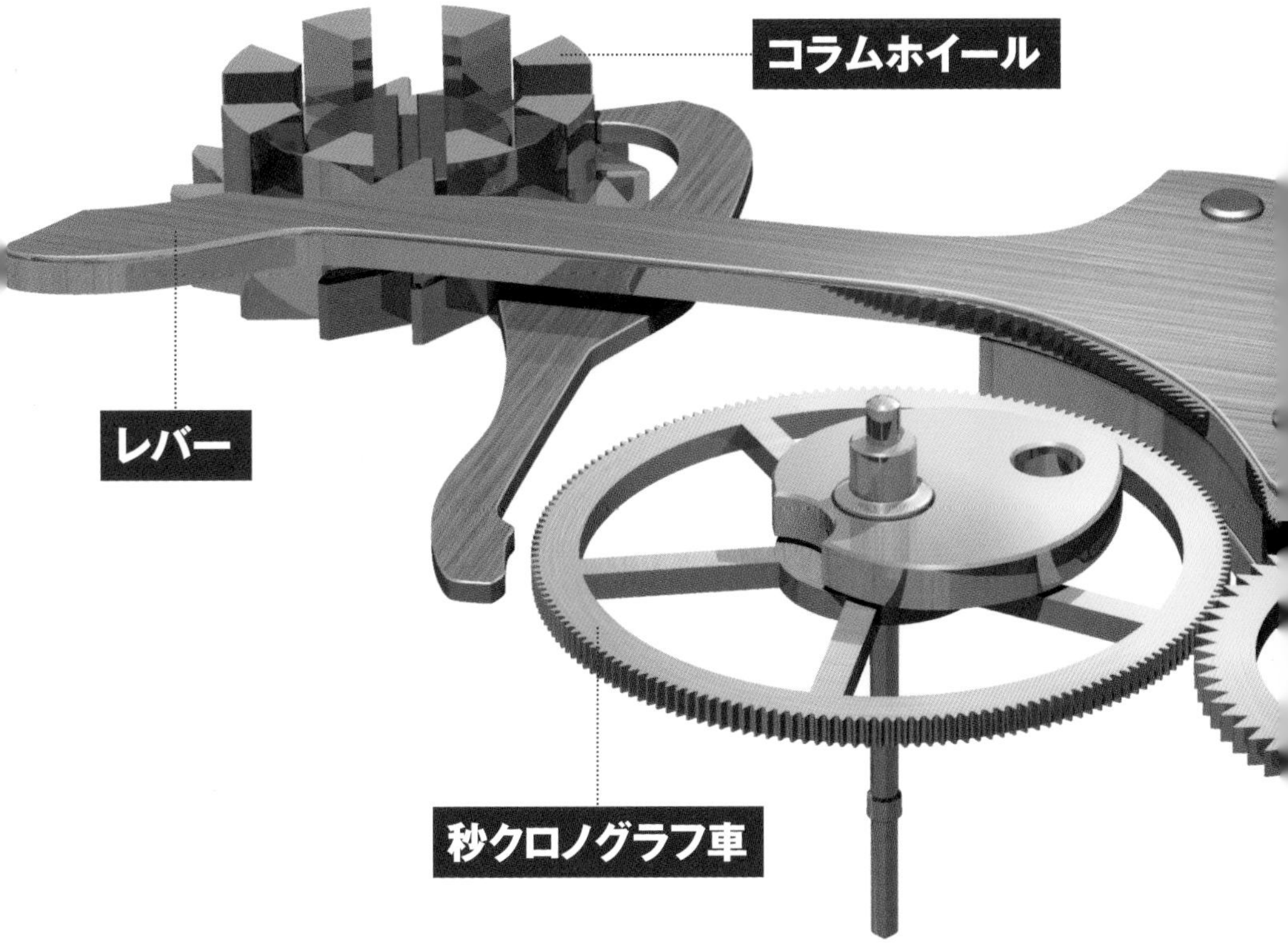

トルクロスが少なく針飛びがない

垂直クラッチ式

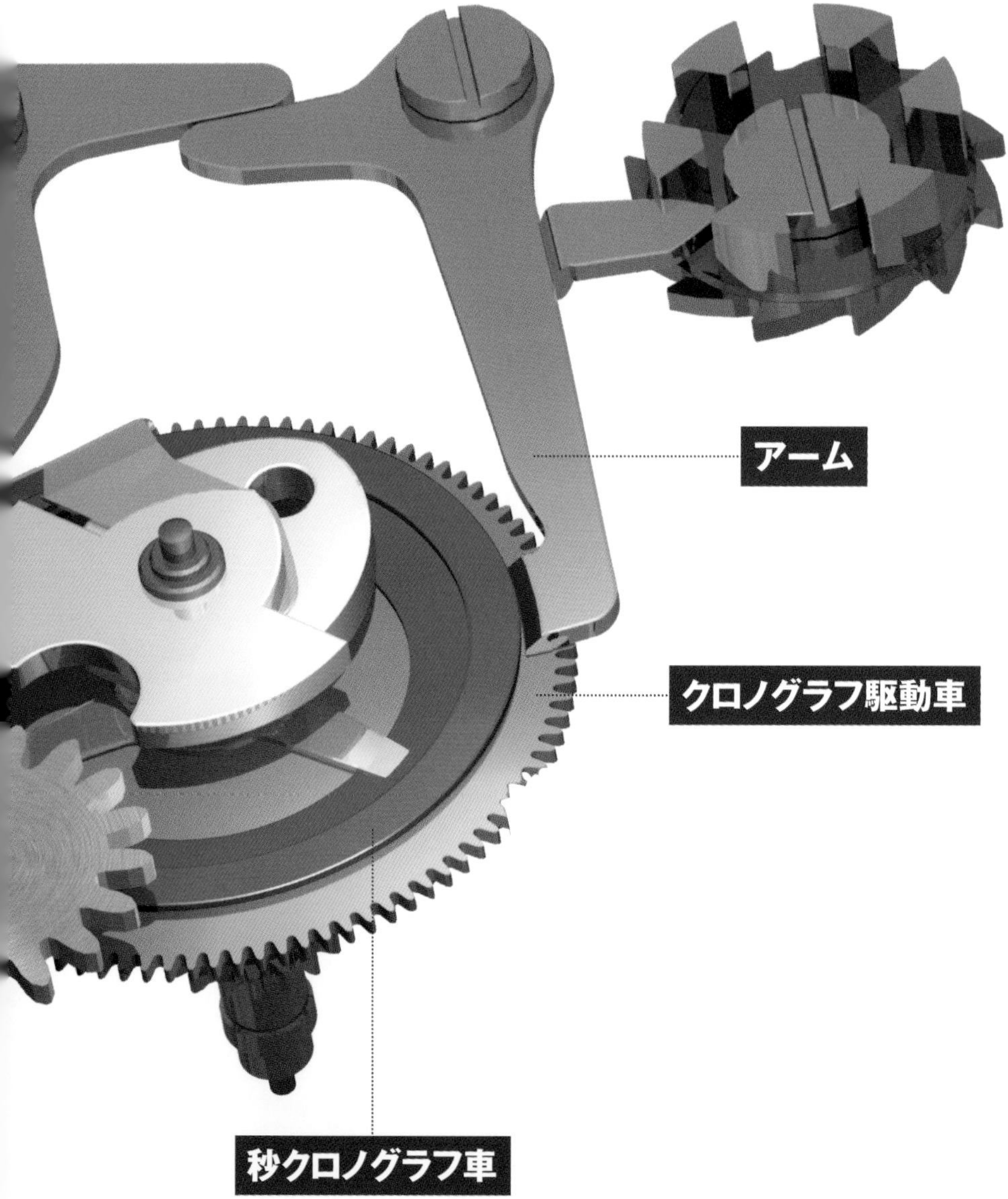

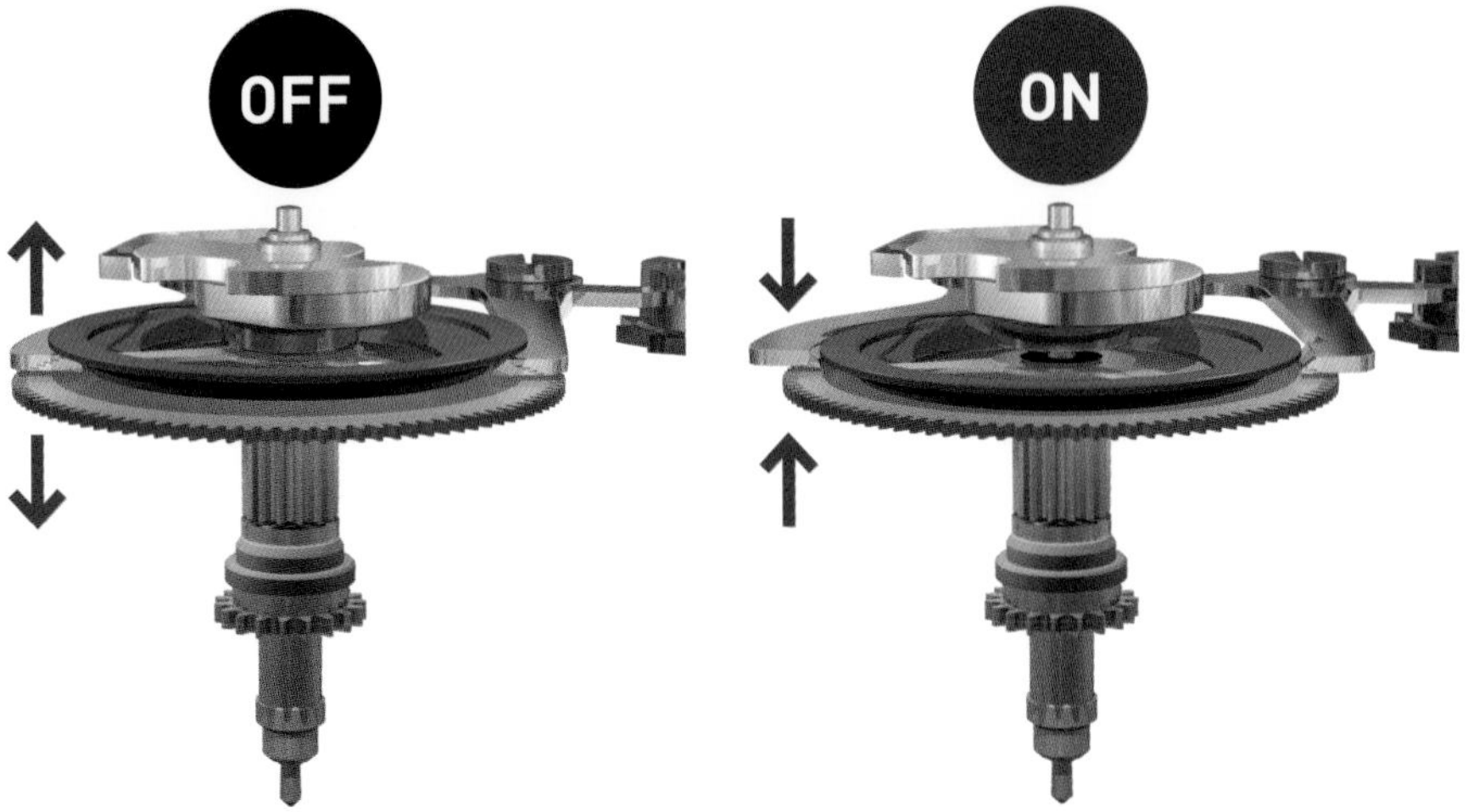

現行のクロノグラフ・ムーブメントの主流になっているのが、この垂直クラッチだ。右の図のように、クロノグラフ駆動車と秒クロノグラフ車は、上下に重なっている。通常は、秒クロノグラフ車はアームで両側から持ち上げられ、駆動から切り離されている。そしてスタートボタンが押されてコラムホイールが回ると、アームのツメがコラムホイールの柱に乗って左右に広がって上下の歯車が重なり、駆動が伝達され、クロノグラフを作動させる。

　歯車が上下に動くから垂直クラッチ。秒クロノグラフ車には、下側に押し付けるバネ機構も備わる。歯車同士を噛み合わせていないので、スタート時の針飛びはゼロ。またトルクロスも少ない。さらに機構がコンパクトなので自動巻き化もしやすい。但し、ムーブメントの厚みが増し、長期的な耐久性はやや劣る。

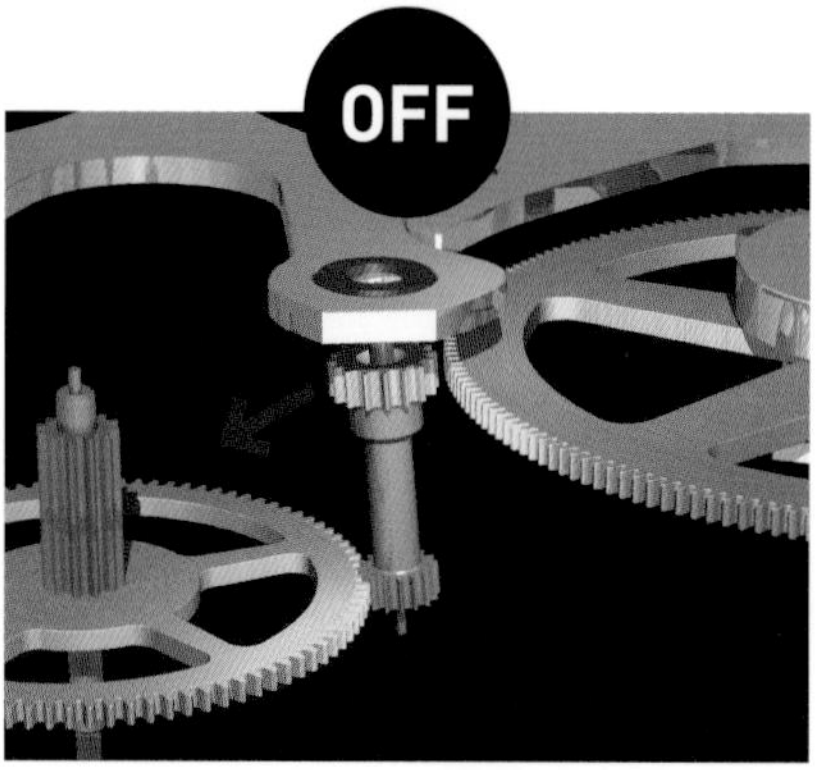

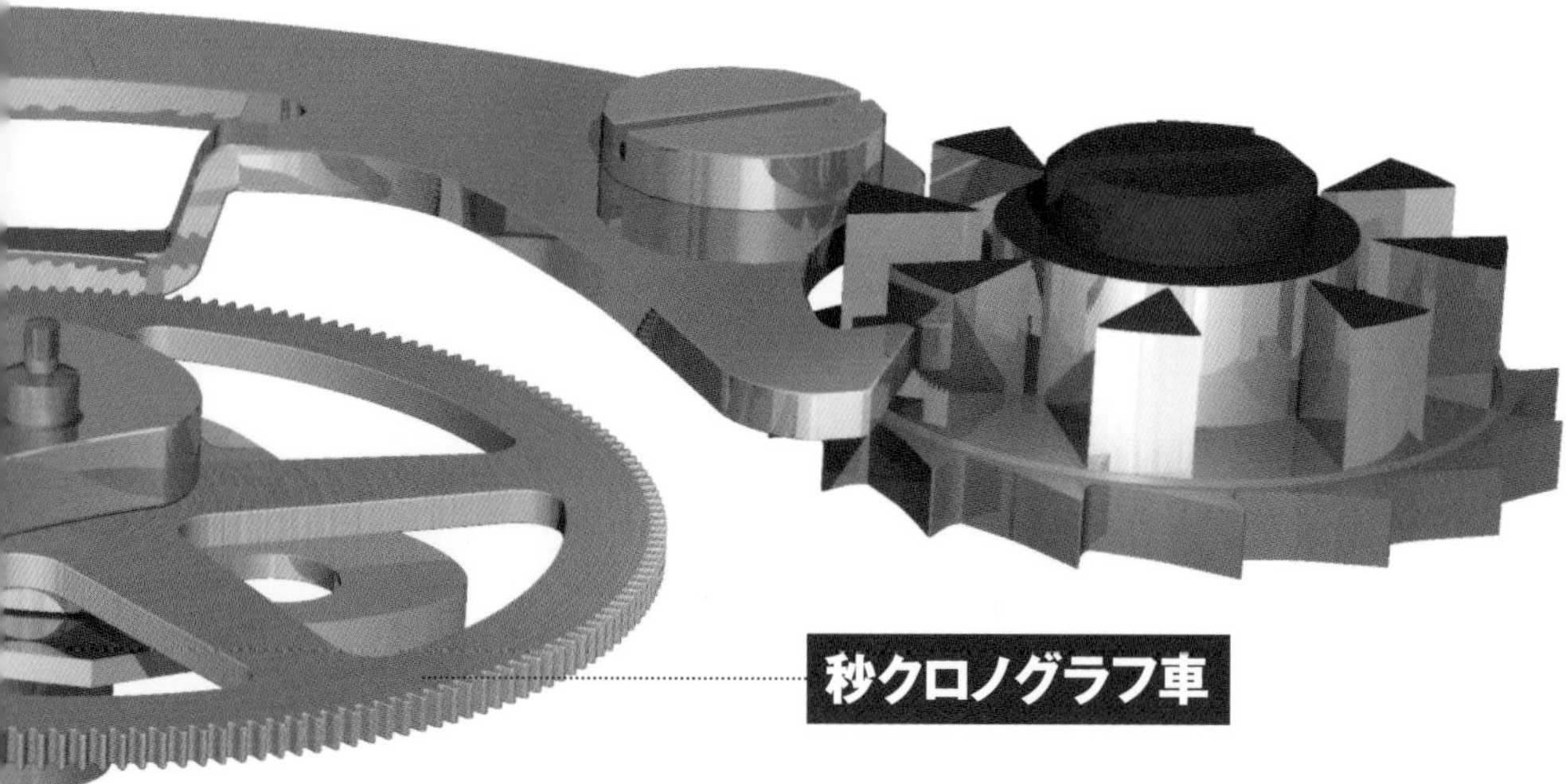

シンプルかつコンパクト

スイングピニオン式

スイングピニオン式は、キャリングアーム式と並ぶ水平クラッチの1つであり、1886年に今のタグ・ホイヤーの創業者、エドワード・ホイヤーによって発明された。

　ピニオンとは、歯車の同軸上に取り付ける小径の歯車。スイニングピニオンも上下に2つの歯車が備わる。これがキャリングアーム式でいうクロノグラフ中間車の役割を果たす。スイニングピニオンの下側の歯車は常時クロノグラフ駆動車と接合し、その駆動力を上側の歯車が秒クロノグラフ車に伝達する。ストップ時は、レバーで押されてスイニングピニオンが傾き、秒クロノグラフ車から切り離され、スタート時にはレバーが離れて元の位置に戻って接合する。

　キャリングアームよりコンパクトで、また構造が簡単で量産向き。しかしやはり針飛びしやすく、クロノグラフ作動中のトルクロスも大きい。

ムーブメントの基本構造が異なる

クロノグラフの一体型と二層式

通常の時刻表示機能にストップウォッチ機能が組み合わさる。
そんなクロノグラフの構造は、一体型と二層式とに大別できる。

専用設計のムーブメント

一体型クロノグラフ

写真でテンプや香箱が見えているように、一体型ではクロノグラフ機構が裏蓋側に構築されるため、シースルーバックからクロノグラフ機構を見せることができ、リューズとプッシュボタンは一列に並ぶ。

クロノグラフムーブメントでは、長く時刻表示機能とストップウォッチ機能とが統合されていた。それが１９６９年、時刻表示用ムーブメントのダイヤル側にクロノグラフ機構のモジュールを重ねる二層式が登場。以降、伝統的な統合構造は一体型と呼ばれるようになった。二層式はモジュール式とも称する。

一体型は耐久性に優れ、また今では当たり前になったシースルーバックからの見栄えもいい。しかし開発も製造も難しく、高価になる。

一方二層式はモジュールだけを開発すれば済み、またベースムーブメントとモジュールとを個々に分解・修理できメンテナンス性に優れる。だがシースルーバックからは機構は見えず、プッシュボタンとリューズが一直線状に並ばないことを嫌う時計ファンも存在し、一体型よりも格下に見られるケースが多い。

メンテナンスが効率的

二層式クロノグラフ

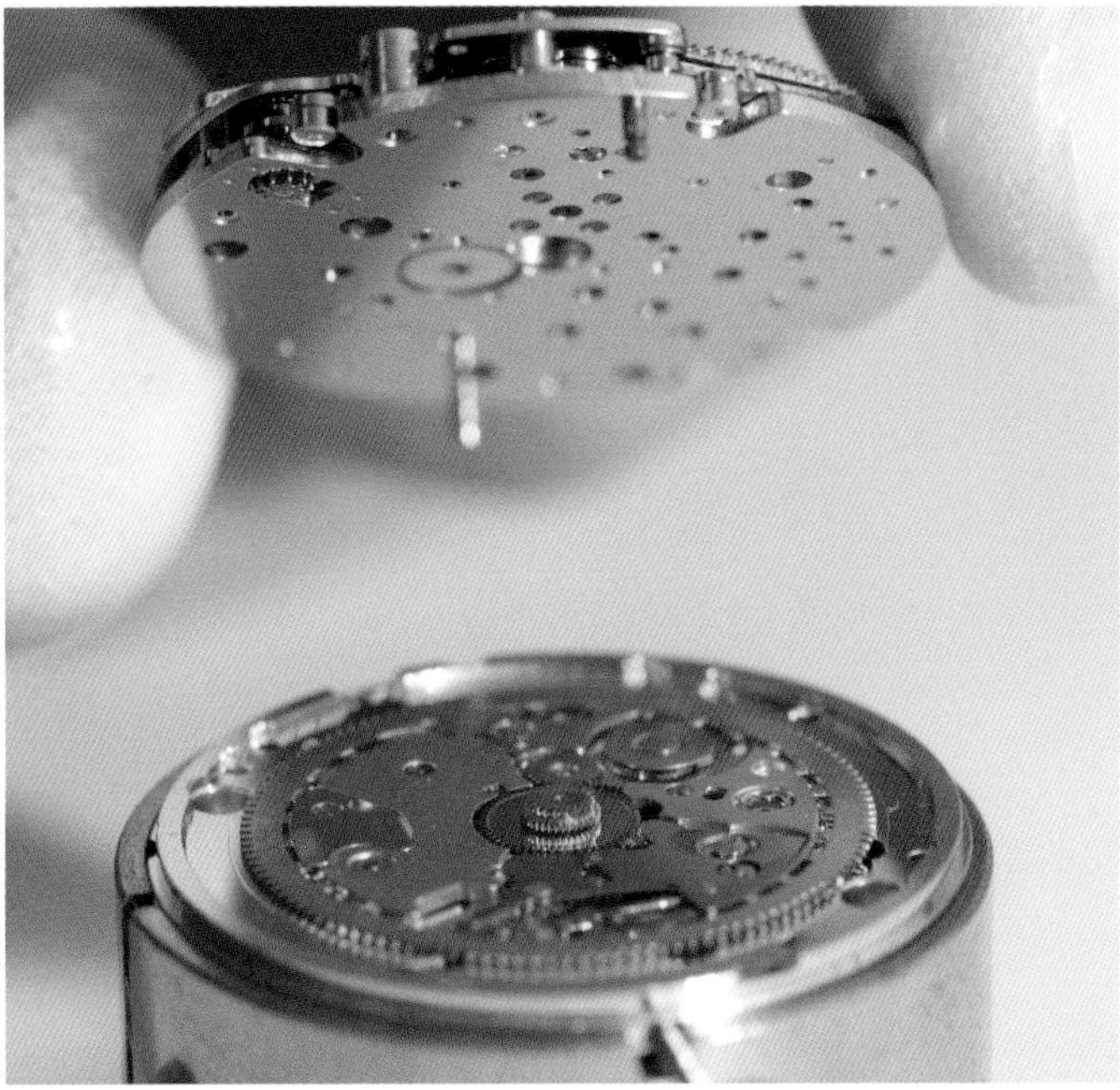

二層式は、ベースムーブメントとクロノグラフモジュールとを分離することが容易。また透明ダイヤルが実現されたため、ダイヤルにクロノグラフ機構を見せようと、あえて二層式を採るブランドも。

さまざまな積算計と、その種類

クロノグラフの表示スタイル

クロノグラフのダイヤルには、複数のインダイヤルが存在する。インダイヤルを称して“目”。その数や配置で印象が変わる。

ほとんどのクロノグラフは、秒積算計針（クロノグラフ秒針）をダイヤルセンターに置き、分・時の各積算計をインダイヤルとしている。またスモールセコンドのインダイヤルが備わるモデルが、大半である。時積算計は後年に開発されたため、初期のクロノグラフのインダイヤルは、分積算計とスモールセコンドの2つだった。これを称して2カウンター、あるいは2つ目。時積算計が備わりインダイヤルが3つになると、3カウンター、3つ目と呼ばれる。また時・分の積算計による2カウンターも稀ではあるが、見受けられる。

インダイヤルの位置は、ムーブメントの設計で規定され、レアケースとして複数の積算計針をダイヤルの センターやインダイヤルに同軸に設置するムーブメントも存在する。インダイヤルが横配列だとクラシカル、縦だとモダンな印象になる。

横3つ目

時積算計が開発された当初からあるスタイル。それまで主流だった横2つ目の6時位置に、時積算計を追加して生まれた。

縦3つ目

縦に時・分の積算計を配置し、9時位置がスモールセコンド。最も多用される汎用ムーブメントがこの配置なため、一般化した。

横2つ目

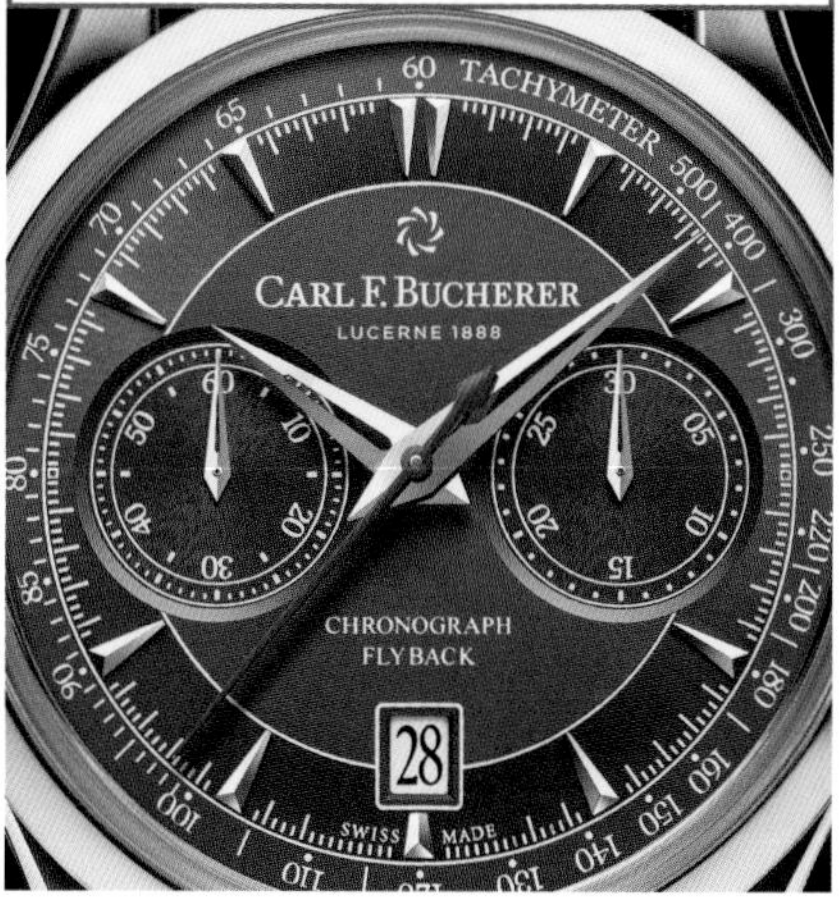

分積算計とスモールセコンドを左右に並べるスタイルは、クロノグラフ誕生当初からあるため、最もクラシカルな印象となる。

縦2つ目

写真は、縦3つ目からスモールセコンドを取り外したケース。ほか分積算計とスモールセコンドを縦配列としたモデルもある。

センター同軸積算計

分積算計針をクロノグラフ秒針とセンター同軸とすることで大型化し、視認性を向上。各針は、デザインが変えられている。

時分同軸積算計

12時位置のインダイヤルに、時・分の各積算計針を同軸に設置。60分積算とすることで、時刻表示のように針が読み取れる。

第3章

▼

複雑機構のしくみ

複雑機構は、英語ではコンプリケーションと呼ばれる。
前述したように、コンピュータ設計と工作機械の進歩により、
今では実に多彩な複雑機構が登場している。
その中から4大コンプリケーションと称される、
伝統的な4つの複雑機構のしくみを解説する。

▼

▼

▼

▼

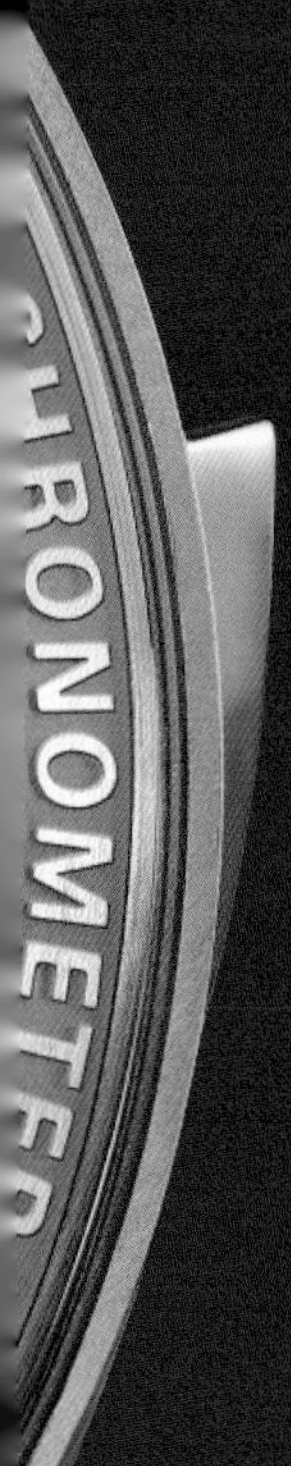

４大コンプリケーションを複数組み合わせることも、今では可能となった。これは後述するトゥールビヨンとミニッツリピーターの２つが備わる、カール F.ブヘラによる会心の超大作。

10925.03
≈10m
RIPLE PERIPHERAL
MR3000
SWISS MADE
12345
CARL F. BUCHERER
LUCERNE 1888
FORTY-SEVEN JEWELS
AU750
CB Au750

第3章 超複雑機構のしくみ 1

グルグル回るハイエンド機構

TOURBILLON

トゥールビヨン

トゥールビヨンが、アブラアン - ルイ・ブレゲの発明であることは前述した。彼は生涯で35個のトゥールビヨンウォッチを製作したという。当時、初代ブレゲ以外でこの機構を実現した時計師は極めて稀だった。そして1988年、２つのブランドから市販の腕時計としては初のトゥールビヨン搭載モデルが登場。いずれもがダイヤルの開口部に１分間で１周するこの複雑機構を見せていたため、その後トゥールビヨンのスタンダードとなった。

現在のブレゲもまた、トゥールビヨンの優れた作り手として存在感を放っている。やはりダイヤル開口部に機構を見せ、針を取り付けることで、スモールセコンドを兼ねさせている。

BREGUET
SWISS

ブレゲで学ぶ

トゥールビヨンの使い方

キャリッジが回転して テンプへの重力方向を平均化

テンプの軸の先端（ホゾ）は、摩擦を軽減するため細く削られ、両端は潤滑油を保持するくぼみを設けた受石で支持される。時計が水平な場所に置かれている場合、ホゾは受石の中心にある。しかし携帯されて時計の位置が変わると、ホゾは中心からずれ、受石のくぼみの側面に触れて摩擦が増大する。この摩擦の変化が、時計精度に悪影響を及ぼす。トゥールビヨンは、テンプと脱進機とをキャリッジあるいはケージ（籠）と呼ばれる回転体に収め、一緒に回すことでテンプへの重力方向の変化の平均化を図る複雑機構。表示機構ではないので、使い方は通常の腕時計と同じだ。

フライング・トゥールビヨンとは？

トゥールビヨンのキャリッジは、耐衝撃性を高めるために地板とブリッジ（腕時計では多くがダイヤル側）の両方で固定されている。そのブリッジを不要とする構造を1920年、ドイツの時計師アルフレッド・ヘルヴィグは考案。この地板側だけ支持する構造をフライング・トゥールビヨンと呼ぶ。

「クラシック 5317」。５日間もの長時間駆動を実現したトゥールビヨン腕時計。ダイヤルのギヨシェ彫り装飾も、初代ブレゲが初めて時計に用いた。

ブレゲで学ぶ

トゥールビヨンのしくみ

調速・脱進機構を搭載したキャリッジが1分間で1回転

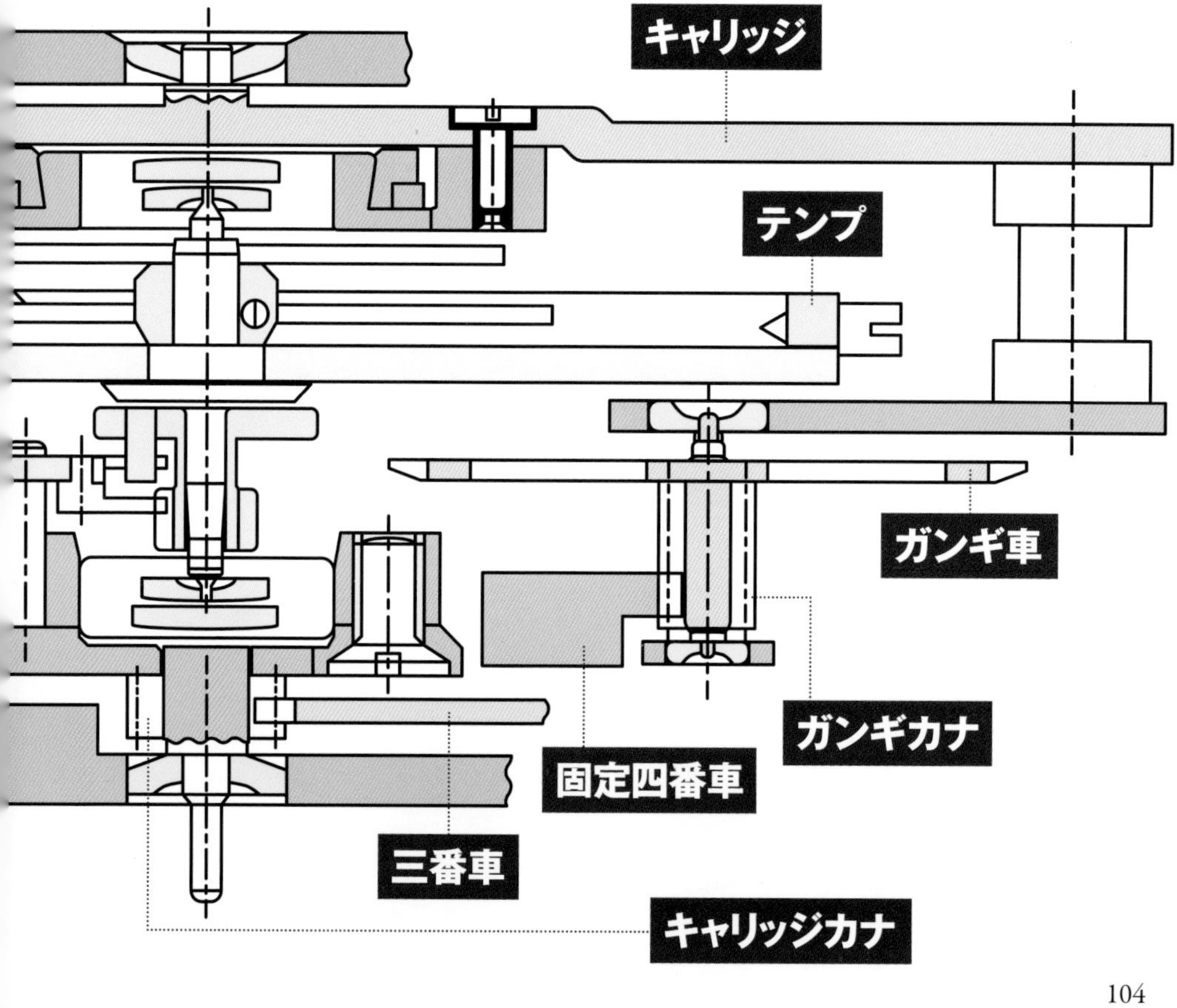

最もベーシックな機械式ムーブメントは、香箱、二番車（分針が載る）、三番車、四番車（秒針が載る）、ガンギ車とアンクル（脱進機）、テンプの順に駆動力が伝達される。シンプルなトゥールビヨンも、三番車までの輪列は同じ。しかし三番車はキャリッジカナと噛み合って、これを回している。そして四番車は地板に固定され、脱進機を構成するガンギ車はキャリッジの外周に取り付けられている。ガンギカナは固定四番車と噛み合い、キャリッジの回転に伴いガンギ車は固定四番車に沿って公転すると同時に自転することで脱進機として機能する。

固定四番車の上にキャリッジとテンプが重なり、中心からずれた位置に脱進機が備わるが、これらは完璧な重量バランスのもとでなければ、決して動かない。これがトゥールビヨンが複雑機構と呼ばれるゆえんだ。

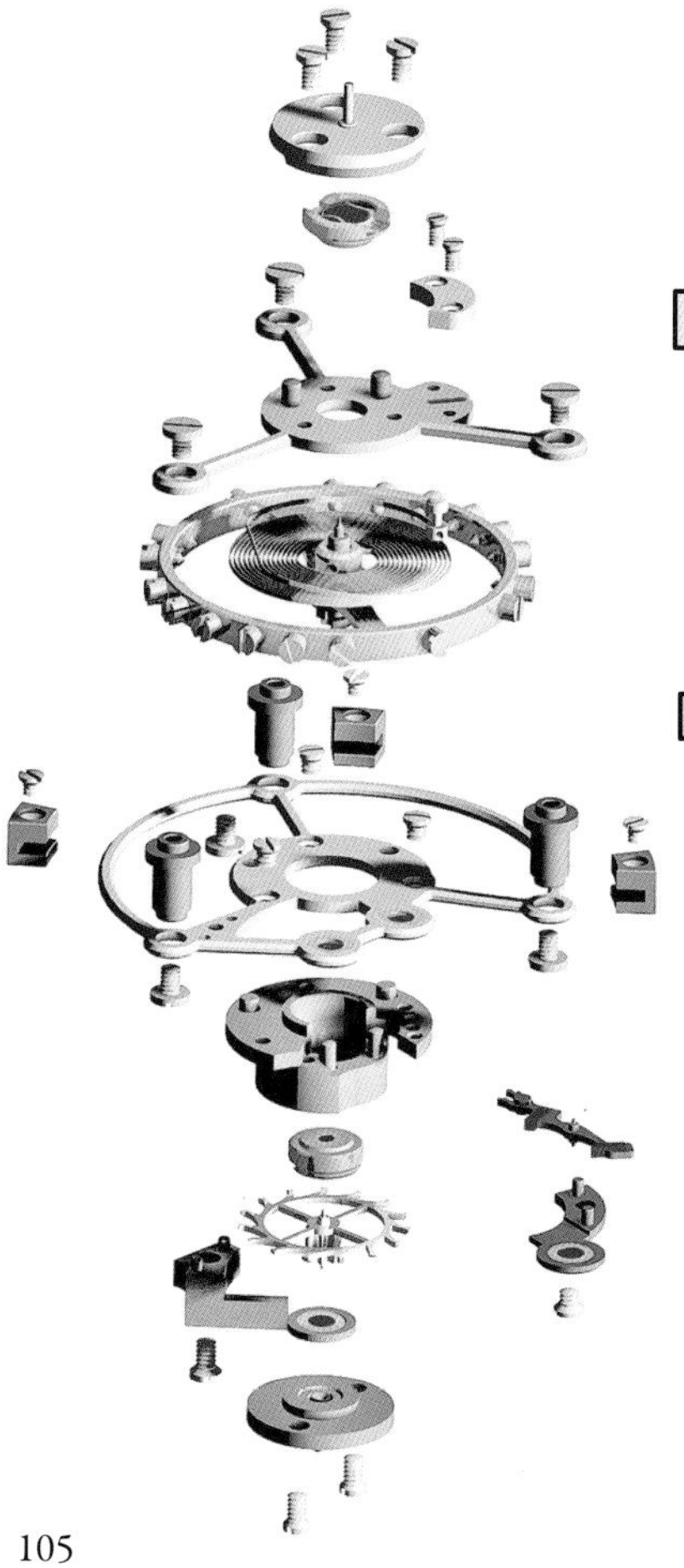

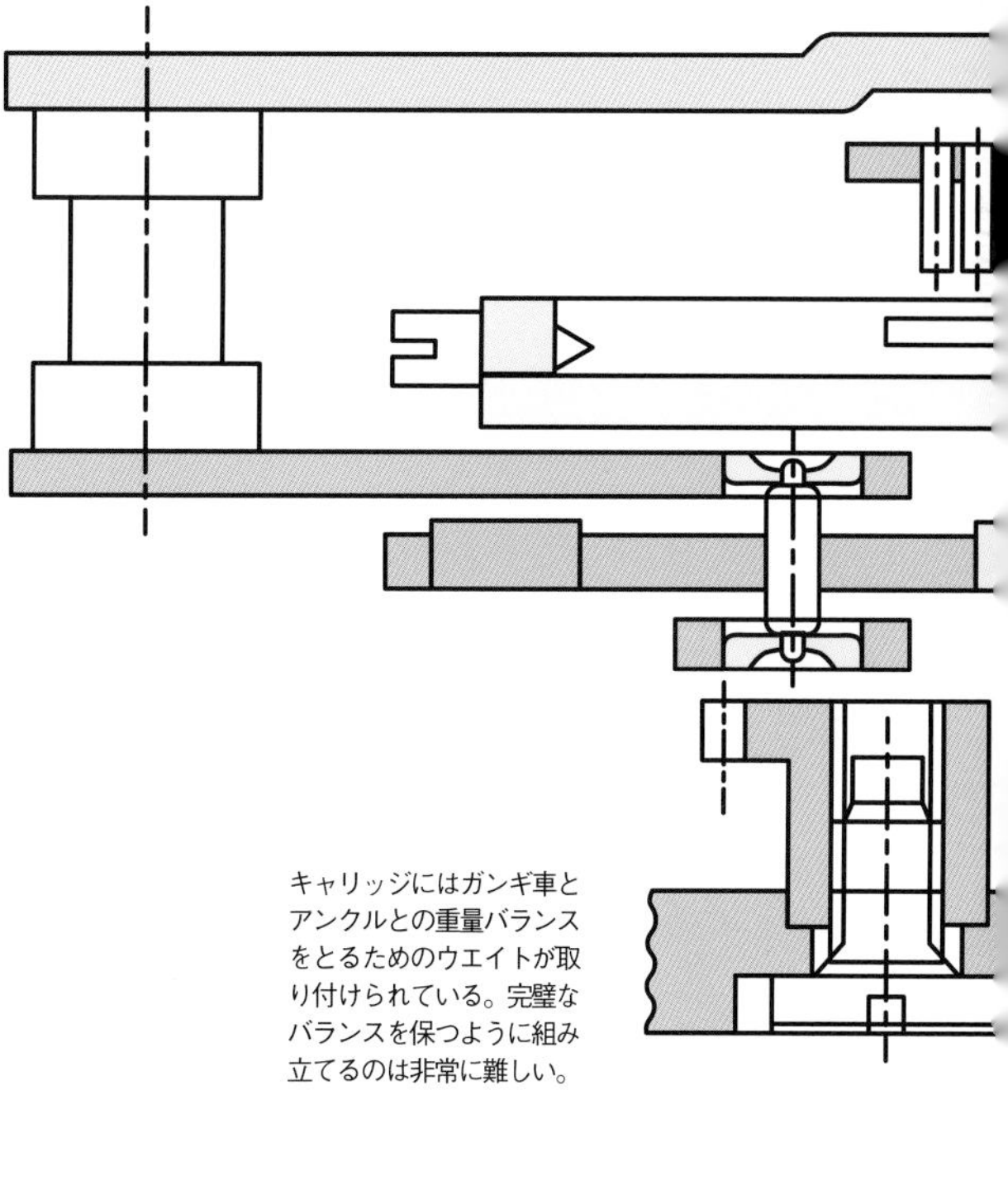

キャリッジにはガンギ車とアンクルとの重量バランスをとるためのウエイトが取り付けられている。完璧なバランスを保つように組み立てるのは非常に難しい。

第3章 超複雑機構のしくみ 2

面倒なカレンダー調整が不要

PERPETUAL CALENDER

パーペチュアルカレンダー

前出のアニュアル（年次）カレンダーは、年に1度、3月1日にだけ調整すれば、他は自動で正しく各カレンダーが表示される極めて実用性の高い機構である。それ以前、19世紀には実用化されていたパーペチュアルカレンダーは、平年の2月28日も閏年の2月29日も自動で示し、翌日には3月1日を表示する複雑機構だ。別名は永久カレンダー。年次カレンダーと同じく、日・曜日・月の各表示とムーンフェイズが備わるモデルが多い。

1985年に完成したIWCのパーペチュアルカレンダーは4桁の数字による西暦表示が備わる。さらに南北両半球の月齢を示す独自のダブルムーンも開発し、2003年に特許を取得。

DAYS
MON
TUE
WED
THU
FRI
SAT
SUN
JAN
FEB
SEP
AUG
OCT
NOV
DEC
IWC
SCHAFFHAUSEN
2022

IWCで学ぶ

パーペチュアルカレンダーの読み方・使い方

4年に一度の閏年も自動的に修正

パーペチュアルカレンダーには、日付を含む各暦表示をインダイヤル式とするモデルが多い。左のＩＷＣのモデルも、３時位置に日付、６時に月、９時に曜日と表示を振り分け、さらに７時半位置に西暦表示を備える。時計が丸１日以上止まり、暦がズレた場合、多くの他社の時計では各暦を個別のコレクターで調整しなければならないが、ＩＷＣのそれはリューズで全暦を一斉送りして修正できる。ただし閏年は必ずしも４年周期ではなく、西暦年が１００で割り切れる年は原則平年とし、４００で割り切れる場合は閏年となる。よって２１００年は平年となるため、メーカーによる修正が必要だ。

7日間のロングパワーリザーブを誇る自社製自動巻きをベースに、パーペチュアルカレンダーのモジュールを載せたCal.52615。表も裏も、装飾仕上げが美しい。

「ポルトギーゼ・パーペチュアル・カレンダー」。独自の南北両半球のダブルムーンは、577年で１日の誤差という超高精度。3時位置には７日間のパワーリザーブ計がある。

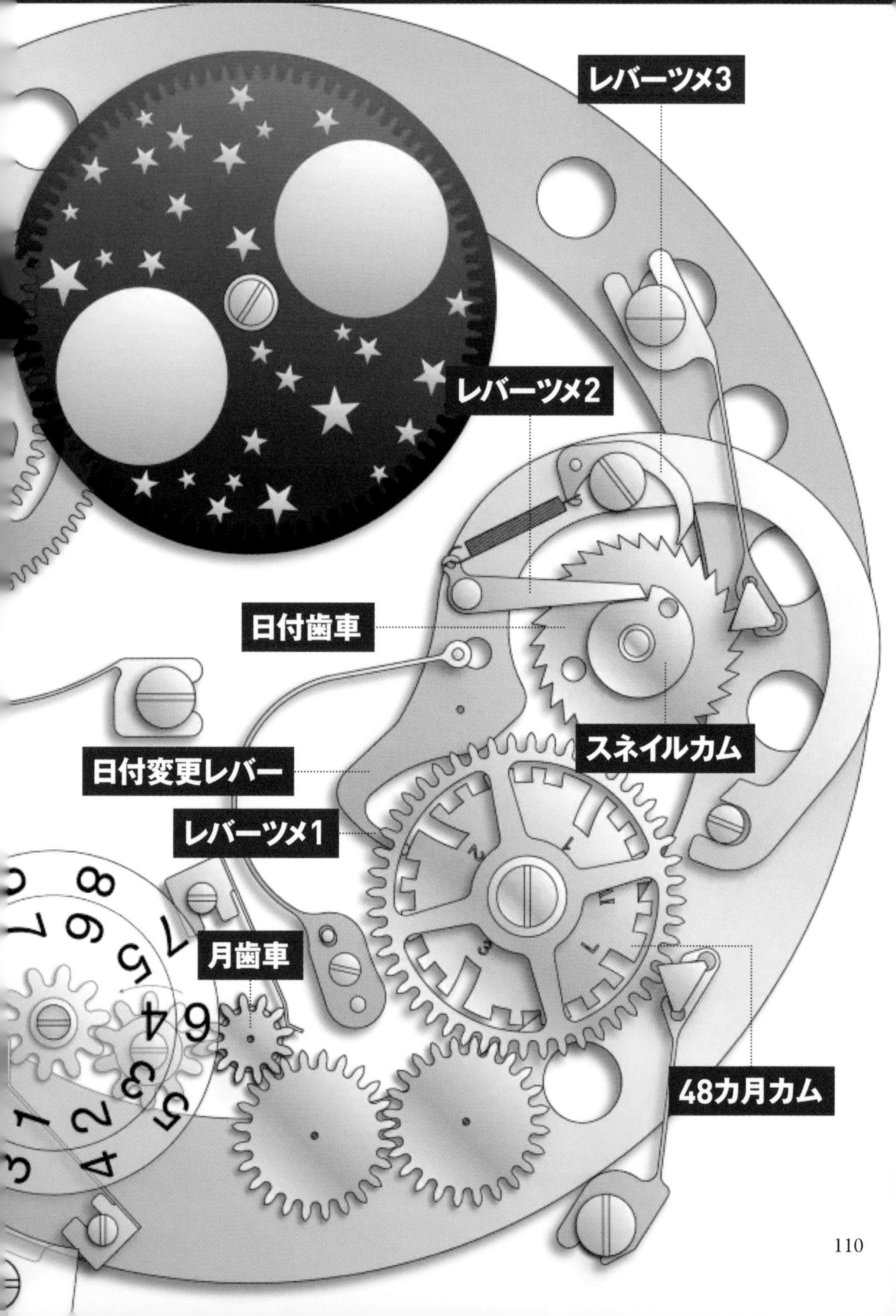
レバーツメ3
レバーツメ2
日付歯車
スネイルカム
日付変更レバー
レバーツメ1
月歯車
48カ月カム

IWCで学ぶ

パーペチュアルカレンダーのしくみ

カムに切り込まれた溝の深さを読み取る

パーペチュアルカレンダーの最重要パーツ、それは4年分の月の大小をメモリーした48カ月カムだ。図では省略されているが、モジュール最外周の円形プレートには1日1コマ動くカレンダーリングが備わり、それが日付変更レバーと連動してレバーツメ3が日付車を1日に1歯送り、48カ月カムもその上の歯車によって回る。48カ月カムは、溝間の距離と溝の幅を翌月までのカムの回転距離に合わせることで月末を記憶。その情報はレバーツメ1が読み取る。月末に達した際、レバーツメ1が48カ月カムの外周部にあれば日付歯車は1歯送られる。しかし溝に落ちると日付変更レバーは溝の深さに準じ大きく動き、浅い溝（月末が30日）なら2歯分、次に深い溝（2月29日）は3歯分、最も深い溝（2月28日）は4歯分、それぞれレバーツメ3がスネイルカムを押し回す。

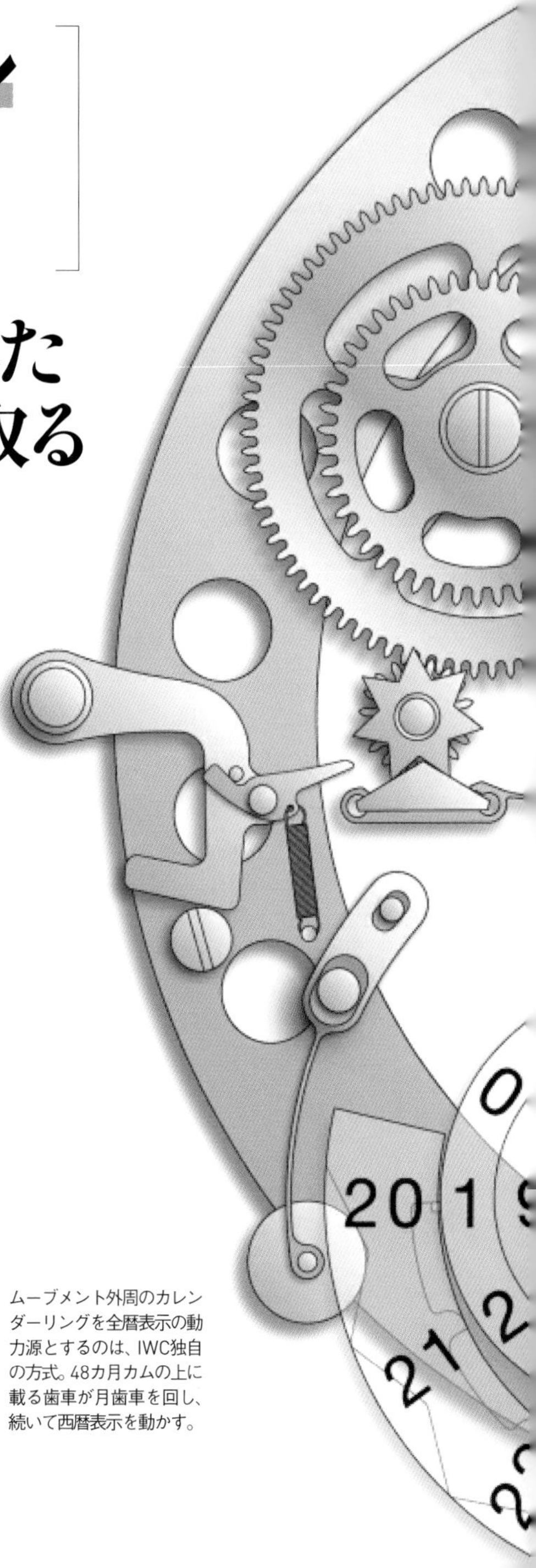

ムーブメント外周のカレンダーリングを全暦表示の動力源とするのは、IWC独自の方式。48カ月カムの上に載る歯車が月歯車を回し、続いて西暦表示を動かす。

第3章 超複雑機構のしくみ 3

現在時刻を鐘の音で知らせる

MINUTE REPEATER

ミニッツリピーター

複数のゴングをそれぞれに備わるハンマーが打ち分け、現在時刻を知らせる複雑機構をリピーターと呼ぶ。照明がなかった17世紀後半、夜間に時刻を知るためにクロックとして発明され、その後リピーター機構が備わる懐中時計が登場した。初期には15分単位で時刻がわかるクォーターリピーターだったが、後に5分単位までのファイブミニッツリピーター、さらに1分単位まで打ち分けられるミニッツリピーターへと進化していった。

ミニッツリピーターには、ハンマーがゴングを叩く速度・間隔を一定に保つガバナーと呼ばれる調速機が備わる。それをカール F.ブヘラはダイヤルの開口部に露わにしてみせた。

カール F. ブヘラで学ぶ

ミニッツリピーターの使い方

スライドレバーを作動させると3つの音色で時刻を知らせる

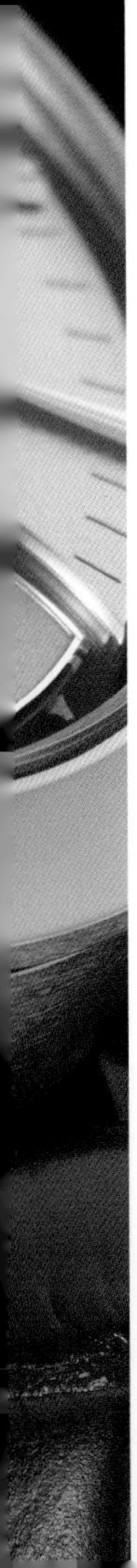

一般的なミニッツリピーターには、高音と低音の2つのゴングが備わる。ケースサイドのレバーを下にスライドすると、まず現在時刻の時単位（アワー）の数（1時の1回～12時の12回）を低音で打ち、続いて15分単位（クォーター）の数（15分未満の無音～45分以上の3回）を高音と低音の交互の組み合わせを1セットとした音色で奏で、最後に15分に満たない分単位（ミニッツ）の数（1分の1回～14分の14回）が高音で鳴る。12時59分なら、アワーを12回、クォーターを3回（15分×3＝45分）、ミニッツを14回（14分、クォーターと合わせて59分）打つ。

「マネロ ミニッツリピーター
シンフォニー」。ミニッツリ
ピーターとトゥールビヨンを
組み合わせた超複雑モデル。
ダイヤルからハンマーがゴン
グを鳴らす様子が見える。

ミニッツリピーターのしくみ

歯が刻まれた3つのラックが、移動しながらゴングを鳴らす

「マネロ ミニッツリピーター シンフォニー」のシースルーバックから覗くムーブメントは、6時位置側にミニッツリピーターを司るラックが見えている。

ミニッツリピーターは針が示す現在時刻を、いかにしてアワー／クォーター／ミニッツの各数に変換し、その数だけハンマーを動かすのが重要。左の図2〜8は、現在時刻の読み取りからゴングを打つまでのしくみを示す。機構の主要な部品は、各時間の単位ごとのカムとラック（歯竿）。図2で同軸にあるクォーターカム[9]とミニッツカム[10]は分針を動かす歯車に取り付けられ、これら2つのカムが1周する（1時間経過）するたびに、ミニッツカム[12]が乗る12の歯をもつ12時間歯車[11]を1歯ずつ送る。ミニッツカムは12、クォーターカムは4つの段差をもつ。ミニッツカムが4つの羽根をもつ手裏剣状なのは、15分（4分の1時間）ごとに音の数が変わるから。各羽根には14の鋸歯が切られている。

機構図では省略しているが、レバーをスライドするとリピーター用の香箱が巻かれる。と同時にラックが移動して3つのカムの位置を各時間単位のラックの竿先が読み取り、それぞれの時間と同じ数の歯が移動。各ラックが順にゼンマイの力で戻る際、移動した歯の数の分だけハンマーを動かすしくみだ。またミニッツリピーターには、完全にレバーをスライドしないと作動しないオール・オア・ナッシングと呼ばれる安全装置が備わる。図9は、その機構図だ。

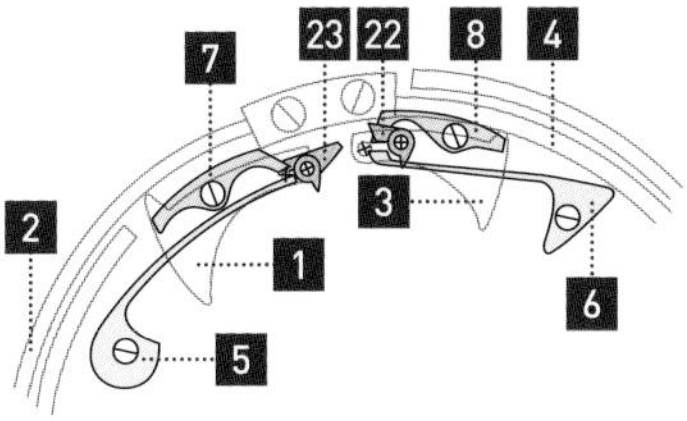

1

アワーハンマー[1]は低音ゴング[2]を、ミニッツハンマー[3]は高音ハンマー[4]を打つ。カウンタースプリング[7][8]でハンマーの打力は増幅。リターンスプリング[5][6]で戻される。

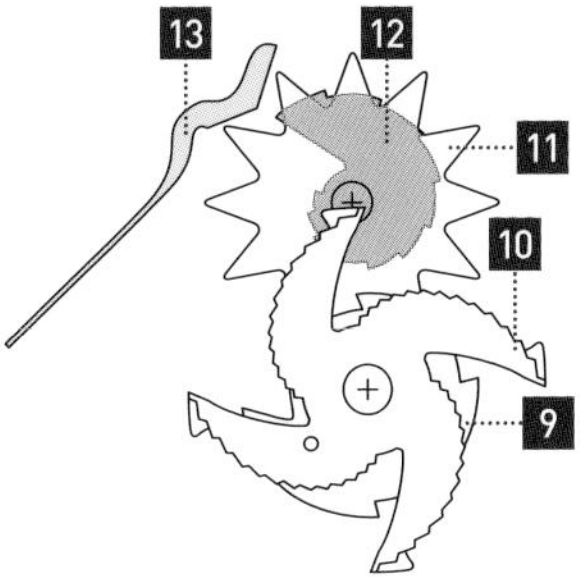

2

クォーターカム[9]とミニッツカム[10]は分針と連動。12時間歯車[11]は、クォーターカム[9]で1時間毎に送られる。クォーターカム[9]は15分ごと、アワーカム[12]は１時間毎の段差をもつ。[13]は12時間車[12]の規制バネ

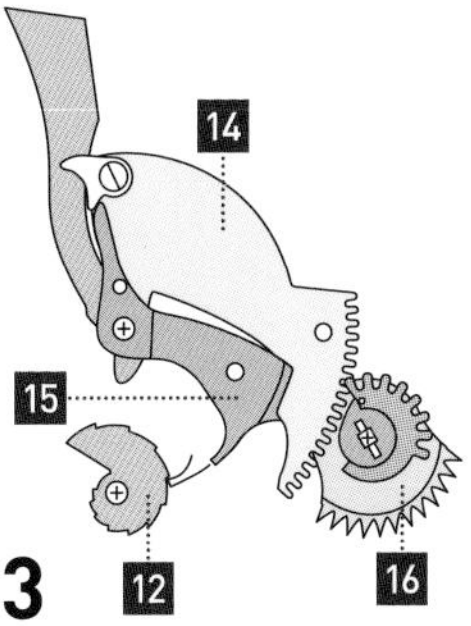

3

レバーをスライドすると、時取りツメ[15]が、アワーカム[12]の段差の位置を読み取り、時取りラック[14]を動かしてアワーラック[16]を回す。[16]の下にはリピーター用香箱が備わる。

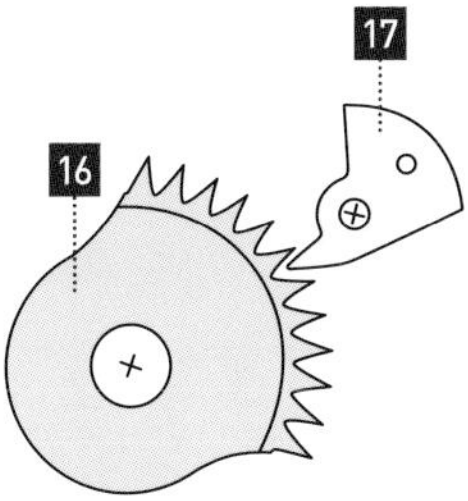

4

アワーラック[16]には12の歯が備わり、図3のしくみで時刻分の歯の数だけ、移動。ゼンマイの力で戻る際、アワーハンマーが付く引っかけ[17]を歯の数だけ動かし、ゴングを打つ。

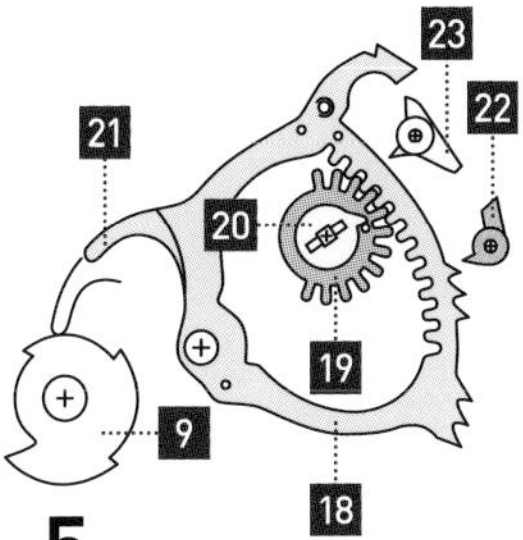

5

クォーターラック[18]は竿先[21]が読んだクォーターカム[9]の位置情報分だけ移動。香箱とつながるフュージ[20]とその歯[19]により元の位置に戻る際、外側の歯が各ハンマーの引っかけ[22][23]を動かす。

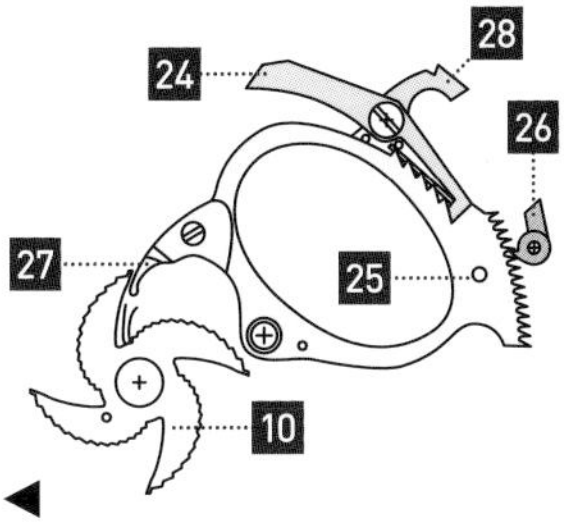

6

ミニッツラック[25]は竿先[27]でミニッツカム[10]の情報を読み、分数分移動。ミニッツラック[25]が戻る際、移動した歯数の分引っかけ[26]を動かしゴングを鳴らす。移動と戻るしくみは、図7・8で解説。

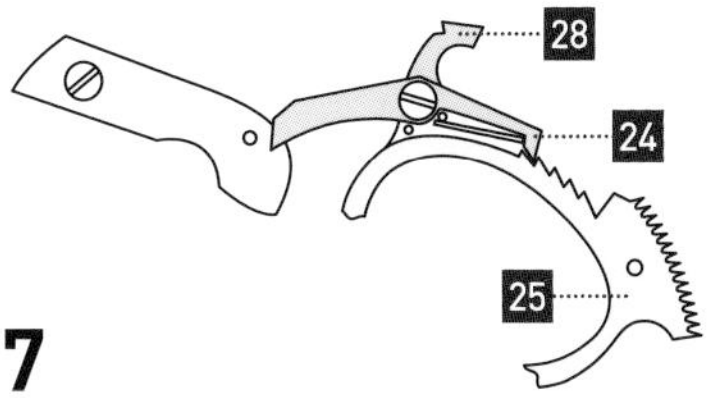

7

レバーをスライドした際、ミニッツラック[25]の鋸歯から図5にあるクォーターラック[18]と接合するフック[24]が外れ、ミニッツラック[25]とクォーターラック[18]はそれぞれのカムの位置情報分だけ移動できるようになる。

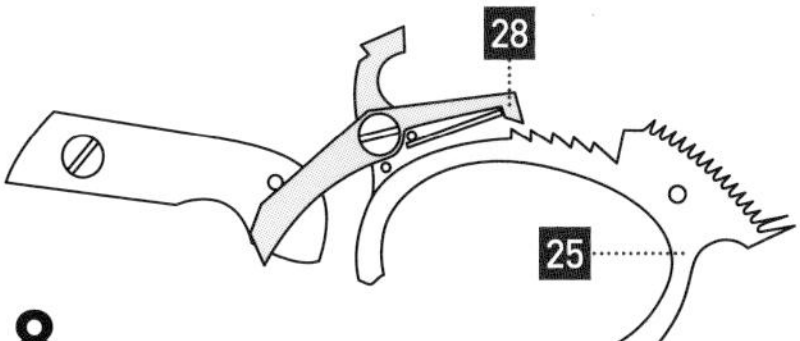

8

フュージ[20]で元の位置に戻るクォーターラック[18]（ともに図5）の動きでフック[24]がミニッツラック[25]の鋸歯を押し戻す。フックがかかる位置はクォーターの音の数で決まる。

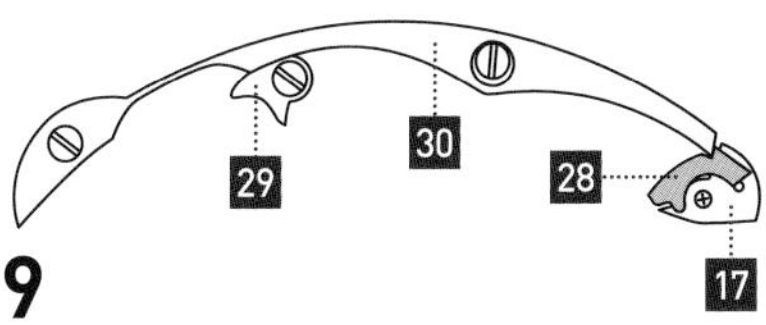

9

レバーのスライドで各ラックを固定するツメ[29]が回りオール・オア・ナッシング部[30]がもち上がり、フック[24]のクチバシ[28]（ともに図6）が固定してた引っかけ[17]を解放。

第3章 超複雑機構のしくみ 4

クロノグラフの最上位機種
SPLIT-SECONDS CHRONOGRAPH
スプリットセコンド・クロノグラフ

スプリットセコンドを直訳すると「分割された秒」。クロノグラフ秒針と同軸にスプリットセコンド針が備わり、ラップタイムや速度が異なる2者のゴールタイムが計測できるクロノグラフ機構の進化系である。別名ラトラパンテ。仏語で「追い付く」を意味するrattrapageに由来し、停止してラップタイムを示していたスプリットセコンド針が、再び計測を始める際、先に進んでいるクロノグラフ秒針に追い付くからこの名が付いた。

スタート時には重なって運針するクロノグラフ秒針とスプリットセコンド針は、個別にストップさせられ、2つに分割する。各針を正確に制御するには複雑な構造が必要となる。

PATEK PHILIPPE
GENEVE
BASE
1000
EMAIL

パテック フィリップで学ぶ

スプリットセコンド・クロノグラフの読み方・使い方

2つの秒積算計針でラップタイムを計測

左のモデルでリューズと同軸にあるボタンは、スプリットセコンド針の操作用である。通常のクロノグラフと同じ操作でスタートさせれば、2つの針は重なって運針する。そしてリューズのボタンを押すとスプリットセコンド秒針は止まり、一方のゴールタイムやラップタイムを示す。その際、クロノグラフ秒針は動き続け、再びリューズのボタンを押すとスプリットセコンド秒針が追い付き、計測を再開する。クロノグラフ秒針はストップボタンを押すと止まり、重なって運針している時は両方止まる。2つの針が離れていても重なっていても、両方停止していれば一緒にリセットできる。

リューズ同軸のスプリットセコンド用ボタンは、操作系が右側に集約され見た目がすっきりしている。スプリットセコンド用を操作がしやすい10時位置とするモデルも多い。

「スプリット秒針クロノグラフ 5370P」。メゾンを象徴するブルーのダイヤルは、伝統的な高温焼成エナメル製で豊かな質感を湛える。機構に加え、工芸的な美感にも秀でる。

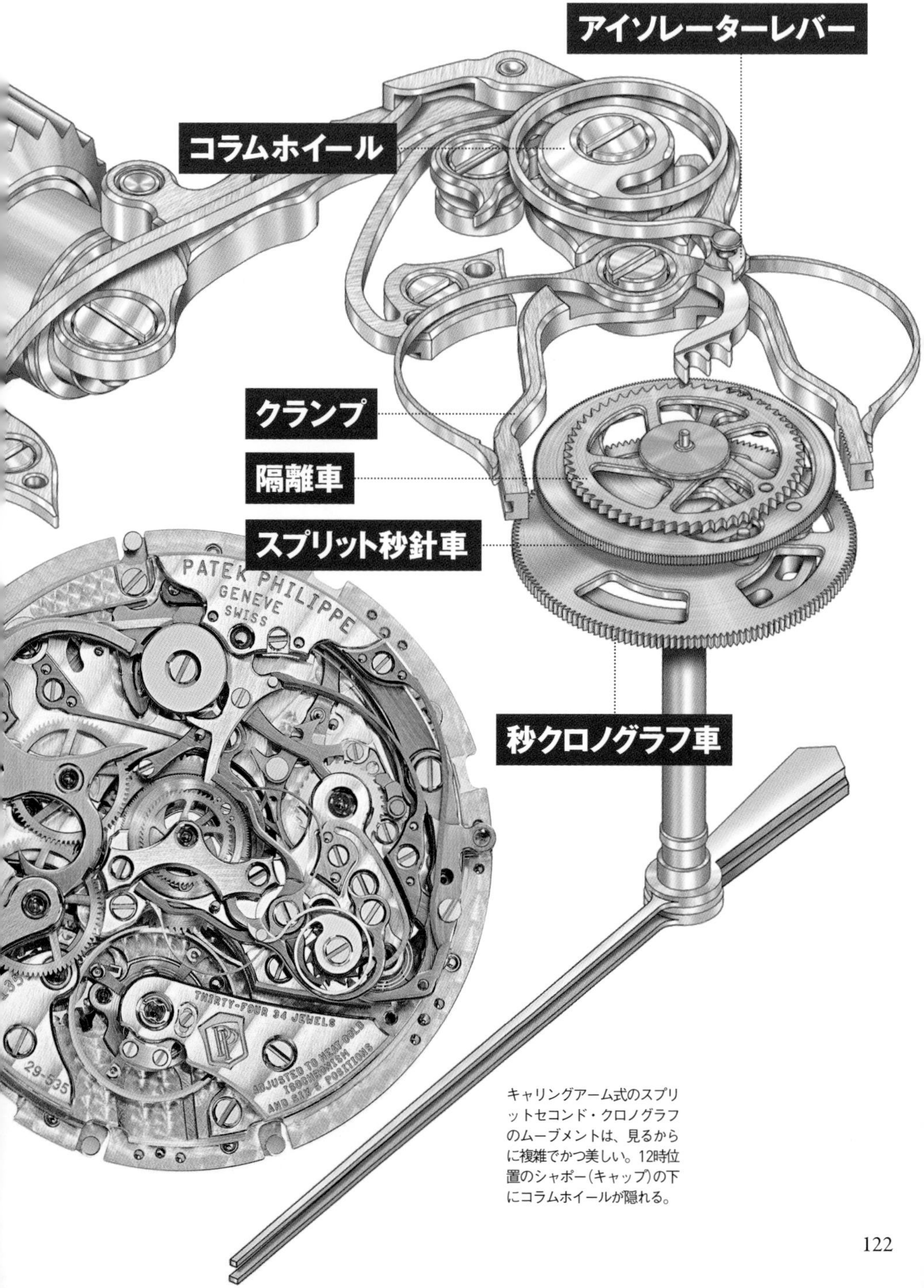

キャリングアーム式のスプリットセコンド・クロノグラフのムーブメントは、見るからに複雑でかつ美しい。12時位置のシャポー(キャップ)の下にコラムホイールが隠れる。

パテック フィリップで学ぶ

「スプリットセコンド・クロノグラフのしくみ」

ハートカムをなぞるレバーでスプリット秒針がクロノ秒針に追いつく

スタート・ストップ・リセット機能は、通常のクロノグラフとほぼ同じ。スプリットセコンド・クロノグラフの機構部には専用のコラムホイールが備わり、スプリット秒針車は、秒クロノグラフ車の軸に取り付けられたハートカム[1]にバネの力で押し付けられ、一緒に回転する。リューズのボタンを押すとコラムホイールが回ってクランプを閉じ、スプリット秒針車を止めるが、ハートカム[1]は秒クロノグラフ車と同期して回転し続ける。その際大半のモデルはハートカム[1]とスプリット秒針車は接したままだが、パテック フィリップではクランプが閉じると同時にアイソレーターレバーのツメが隔離車にかかり、スプリット秒針レバー[2]を押し上げ、ハートカム[1]から分離する機構（アイソレーター）が備わる。再びリューズのボタンを押すとクランプとアイソレーターが解除され、秒クロノグラフ車と同期し、動き始める。前述のスプリット秒針レバー[2]はスプリット秒針車に固定されている。そしてハートカムに接するレバーの内側終端がカムのくぼみに来るまでスプリット秒針車をバネの力で強制的に回し、スプリット秒針が追いつく。

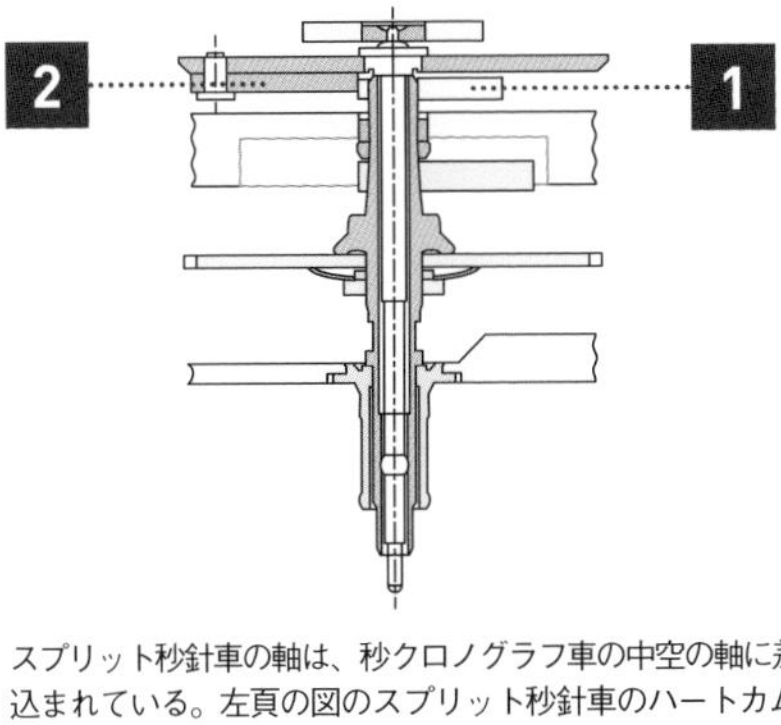

スプリット秒針車の軸は、秒クロノグラフ車の中空の軸に差し込まれている。左頁の図のスプリット秒針車のハートカム[1]は、秒クロノグラフ車の軸に取り付けられ、一緒に回転する。

第4章

複雑機構の傑作ムーブメント

新たに発明し、あるいは既存の機構を高性能に進化させる。
複雑機構は、それを製作する時計ブランドの腕の見せ所だ。
同じ機構を、いかにして独創的にして他社と差別化するか?
本書で取り上げる13の機構を代表するムーブメントを厳選。
それぞれに光るオリジナリティを、探る。

#01
ワールドタイム

ブレゲ

**マリーン
オーラ・ムンディ
5557**

Cal.77F1

ワールドタイム機構をより便利に革新

ボタン操作で２つの時間帯が行き来する独自のインスタント・ジャンプ・タイムゾーン表示機構は、ハートカムとそれと重なるカムで各時間帯を記憶し、切り替える設計。ブレゲが先駆けとなったシリコン製のひげゼンマイと脱進機とを採用し、耐磁性も優れる。

立体的なダイヤル装飾にも凝る

オーラ・ムンディとは、仏語で「世界時間」との意。ダイヤルはギヨシェで波を描いたプレートに大陸、緯度・経度を重ねた三層構造で、立体的に世界地図を構築した。径43.9㎜。18KWGケース。ラバーストラップ。

時間旅行が叶う独自機構

世界地図を描いたダイヤルの4時位置には、12時間毎に太陽と月とが入れ替わる昼夜表示が、6時位置には24のタイムゾーンを象徴する都市名表示が備わる。8時位置のリューズを回すと都市名が順に切り替わり、時針と日付表示、昼夜表示がその都市の現在時刻を示すしくみ。まず自国と同じタイムゾーン（ホームタイム）の都市名を表示させ、3時位置のリューズで時間と日付、昼夜表示を合わせればセット完了。旅先では、都市名を操作すれば現地時間（ローカルタイム）に合わせられる。さらに8時位置のリューズはプッシュボタンを兼ね、押すと時針と日付表示、昼夜表示はホームタイムに切り替わり、再び押すとローカルタイムに戻る。ボタン1つで、旅するように2つの時間帯を行き来できる。

#02
アウトサイズデイト

A.ランゲ&ゾーネ
グランド・ランゲ1

▼

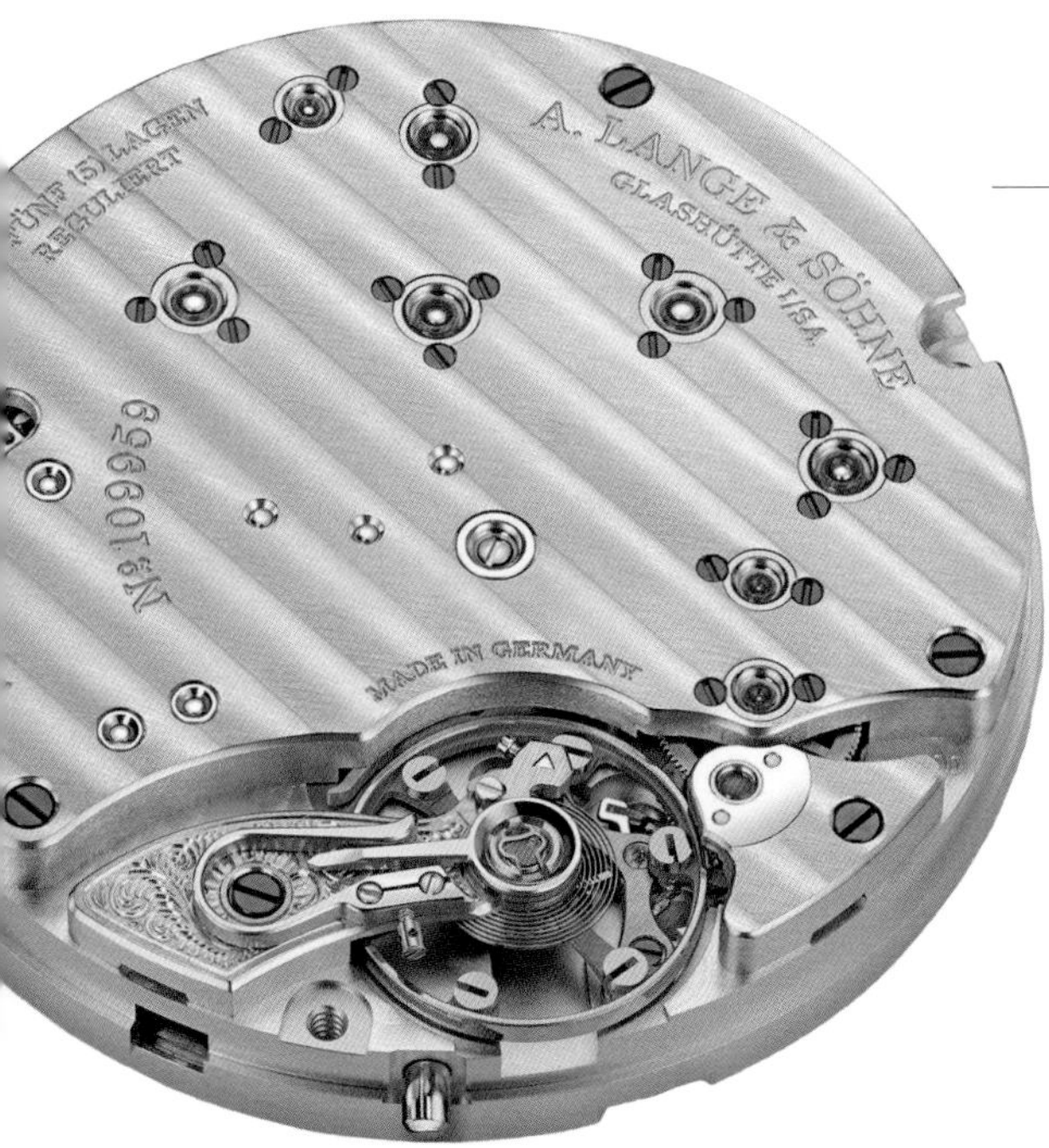

L121.1
伝統的な様式美に潜む、独創的メカニズム

全体を大きく覆う4分の3プレートと受石を取り付けたリングをビスで固定するゴールドシャトン、テンプ受けのエングレービングは、創業時代のザクセン様式の継承である。パワーリザーブ計が0を示すとスモールセコンドも0位置で停止するなど機構も独創的だ。

黄金比に基づくオフセットダイヤル

アウトサイズデイトの窓の形状や各表示の配置は黄金比に基づき、数学的に正しい美を創出。各針や植字インデックスは、完璧な手仕上げで鏡面状に輝く。手巻き。径38.5㎜。18KPGケース。アリゲーターストラップ。

再興を象徴する大型日付表示

東西冷戦により休眠を余儀なくされたドイツの名門が、ベルリンの壁崩壊に伴い復活。「ランゲ１」は、新生A.ランゲ&ゾーネのファーストモデルの１つである。１９９４年の発表時に特許を取得したアウトサイズデイトは、創業者とその師であるザクセン公国宮廷時計師が、ドレスデンに今も残るゼンパー歌劇場のために共同製作した５分デジタル時計をモチーフとする。一目でランゲ１だと分かる特徴的なオフセットダイヤルは、時分針とその右側に配したアウトサイズデイト、パワーリザーブ計、スモールセコンドのすべてが重なることなく、優れた視認性が叶うランゲ流の機能美。現行モデルは２０１５年の登場で、デザインをほぼ変えることなく、ムーブメントだけをより高性能に一新した。

＃03
ムーンフェイズ

H. モーザー
エンデバー・パーペチュアル ムーン コンセプト アベンチュリン

▼

HMC801
美観にも秀でた7日巻きムーブメント

パーペチュアルムーンが備わる自社製の手巻きムーブメントは、２つの香箱で７日間駆動を実現。そのパワーリザーブ計を裏蓋側に装備する。各香箱の受石をゴールドシャトンとするなど、審美性も高い。テンプと脱進機はユニット化され、単独で取り出せる。

満天の星を背景に月が満ち欠け

月を満ち欠けさせる円形ディスクは、アベンチュリンと完璧に色合わせされ、ダイヤルに溶け込む。写真で中央から5時方向に突き出た小さな針は、AM-PM表示。手巻き。径42㎜。18KRGケース。アリゲーターストラップ。

超高精度な大型月齢表示

ダイヤルからインデックスとブランドロゴを取り去った「コンセプト」デザインは、究極のミニマリスティックな表現であり、「ロゴがなくても美しい外観だけで我々の時計だと分かる」という自信と誇りの表れでもある。微細な金属粉が一面に散らされ輝くアベンチュリン製のダイヤルは、紺碧の星空を想起させる。その６時位置に配したムーンフェイズは、白い丸窓とその上を進む濃紺の円形ディスクとで月相を表すことで大型化するというアイデアが光る。さらにムーンフェイズは、１０２７年に１日の誤差という超高精度で他社を圧倒し、パーペチュアル（永遠）ムーンを名乗るのに、ふさわしい出来。アベンチュリンとムーンフェイズは、まさにベストマッチ。美と高性能とが、高次元に融合した。

#04
パワーリザーブ

ウブロ

ビッグ・バン メカ-10 チタニウム

▼

HUB1201

見た目とは裏腹に主輪列は古典的

2つの香箱が、ムーブメントの半分以上を占める。その間にありムーブメントの中央に置いた二番車が分針を動かし、三番車を介してスモールセコンドが載る四番車を動かす設計は、機械式の原点にして古典。全パーツを３つのブリッジで支える構造が美しい。

多くの機構を覗かせるスケルトン

ギリギリまでスケルトナイズしたムーブメントが、ダイヤルに露わに。ゼンマイを巻き上げる際、パワリザーブ計のラック＆ピニオンの動きが目視できるのも楽しい。自動巻き。径45㎜。チタンケース。ラバーストラップ。

巻き上げ残量をダブル表示

ウブロの自社製ムーブメントには、独創的な機構が数多い。これは2つの巨大な香箱で、約10日間駆動を可能としている。約10日間動き続ける機械式ムーブメントだから、名前は「メカ‐10」。そのダイヤル12時位置にある、ラック&ピニオン機構が、香箱と連動する設計。固定されたピニオンギアの回転によるラックギアの平行移動は、3時位置の制御ゼンマイが備わる中間車を介して6時位置にまで伝達され、日付単位の数字で示すパワリザーブ計を機能させる。ラック&ピニオンを用いたパワーリザーブ計は、唯一無二。さらに3時位置の中間車に小窓を設け、そこに現れる赤色の増減でも巻き上げ残量を知らせるしくみに。パワーリザーブ計のダブル搭載も他社には例はなく、独創性はさらに際立つ。

＃05
レトログラード

ヴァシュロン・コンスタンタン
パトリモニー レトログラード デイ／デイト

Cal.2460R31R7／3

手仕上げを行き亘らせ、美を極める。

２つのレトログラード機構が備わるムーブメントは、2005年に登場したメゾン初の自社製自動巻きCal.2450をベースとする。センターローターながら、5.4mm厚の薄型設計。ブリッジや各歯車には入念な手仕上げがなされ、見た目は極めて美しい。

伝統的な仕上げで華やぐ新色ダイヤル

新色のサーモンピンク。コレクションの伝統に則り、ダイヤル全体に放射状のサンバースト仕上げが施され、色のニュアンスが豊か。2023年ブティック限定生産。自動巻き。径42.5㎜。Ptケース。アリゲーターストラップ。

週末と月末が待ち遠しい

　ドーム状に膨らむボンベダイヤルに配した植字インデックスと分針の先端は、ダイヤルのカーブに合わせて曲げられている。手が込んだダイヤルの造作とデザインは、１９５０年代製モデルを規範とする。歴史的遺産との意味を持つコレクションは、普遍のスタイルを現代に受け継いだ。そのダイヤルに、日付（デイト）と曜日（デイ）のレトログラード表示が搭載されたのは、２００６年のこと。これはその最新作。時分針とインデックスがホワイトゴールド製であるのに対し、２つのレトログラードの針と目盛りはブルースティールと、視覚的に明確に切り分け、優れた視認性を得ると同時に、ユニークな機構を際立たせた。デイ／デイトの針がフライバックする月末と週末の深夜が楽しみになる。

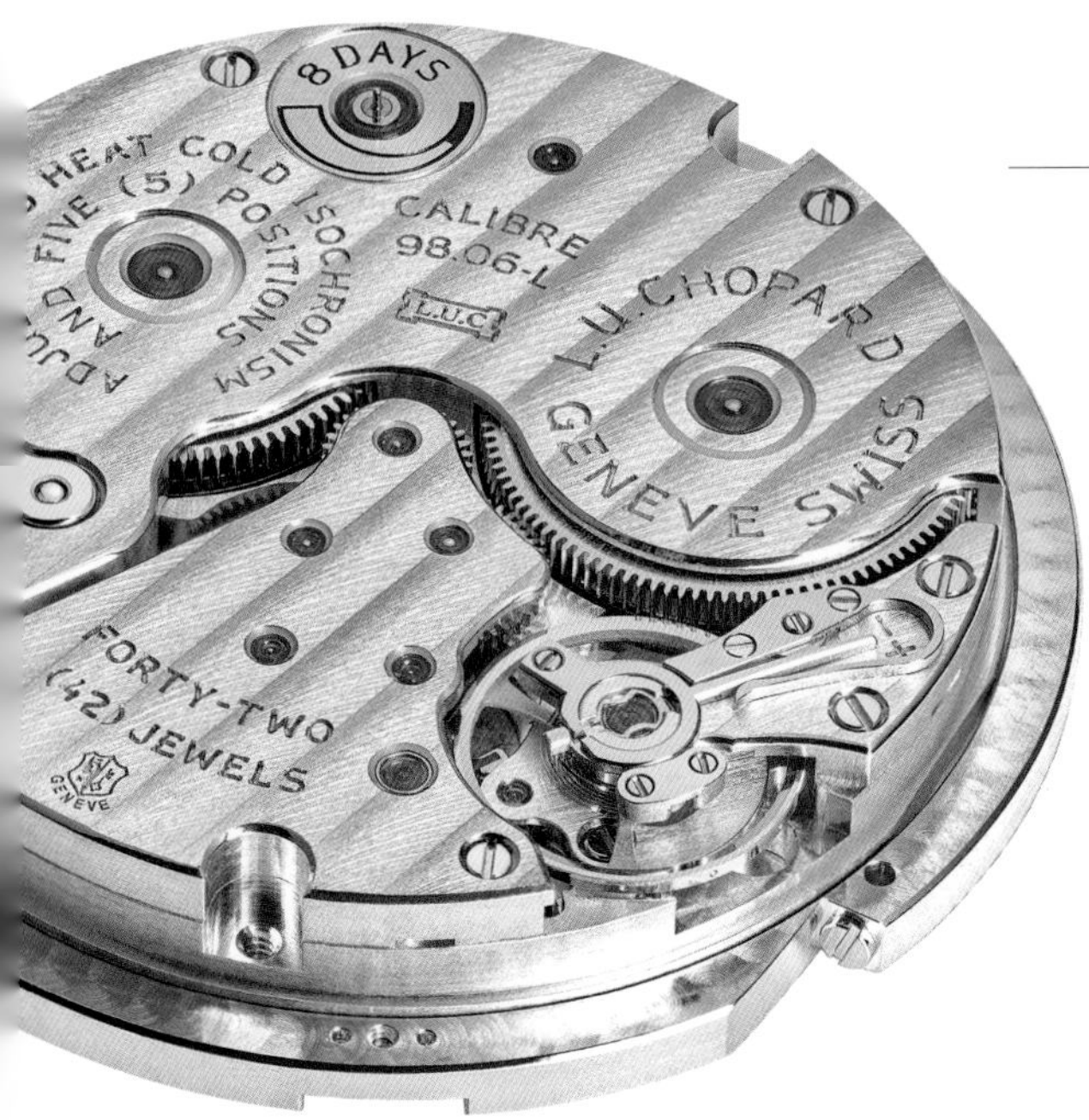

#06
ジャンピングアワー

ショパール

L.U.C クアトロ スピリット 25

▼

L.U.C 98.06-L

繊細な手業で仕上げる自社製8日巻き

2つの大きな人工ルビーが、それぞれ二重香箱を支持する。その脇に、パワーリザーブ計を装備。ブリッジのコート・ド・ジュネーブ装飾は、指で触れても凹凸を感じないほど繊細でありながら、ストライプが明確。極めて優れた職人技術の賜物である。

工芸的な美を放つ、エナメルダイヤル

ダイヤルのベースの白と黒いインデックスは、いずれも高温焼成エナメル製。アワー表示窓はゴールドのフレームで縁取られ、視線を誘導する。手巻き。径40㎜。18Kエシカルゴールドケース。アリゲーターストラップ。

25周年を寿ぐ初の時表示機構

２つが上下に重なる二重香箱を、２セット並列に置き、ムーブメントには計４つの香箱が備わる。このクアトロテクノロジーをショパールは２０００年の初お披露目以来、丁寧に熟成させてきた。そして２００２年、自社製のＬ.Ｕ.Ｃムーブメント誕生25周年を記念して、クアトロ初にしてショパールとしても初のジャンピングアワーが登場した。毎正時にアワーディスクをジャンプするように瞬時に回すのには、大きなトルクを必要とする。それがクアトロテクノロジーによって同機構としては異例の８日間もの長期間駆動が実現された。柔らかな丸みを帯びたケースは創業者が製作した懐中時計がモチーフ。25周年の記念モデルには、メゾンの歴史もまたフォルムに託され、クラシカルな美しさを湛える。

#07
アラーム

ジャガー・ルクルト
ジャガー・ルクルト ポラリス・マリナー・メモボックス

Cal.956
より薄く進化したゴング式アラーム

2020年に登場した、メモボックスムーブメントの最新機。それまで裏蓋側にあったゴングがムーブメント側面に移され、既存より1.61mm薄くなり、ケースの薄型化を叶えた。テンプのウケに、ひげゼンマイの変形防止ガードを装備。耐衝撃性も高い。

爽やかなブルーに装う、アラームダイバーズ

1968年誕生のオリジナルの姿を色濃く受け継ぐダイヤルを、ブルーに染め上げモダナイズ。美しいアラーム音は海中ではより大きく鳴り響く。自動巻き。径42㎜。SSケース＆ブレスレット（ラバーストラップ付属）。

現代に蘇った名作アラーム

１９５１年に誕生した「メモボックス」は、アラームウォッチのパイオニア的存在である。アラーム用に棒状のゴングを備え、美しい音色を響かせる独自の機構が１９６８年に防水ケースに搭載されることで、潜水の限界時間の到達を音で知らせるユニークな潜水時計「メモボックス・ポラリス」が誕生した。その名と機構・デザインを、このモデルは現代に受け継ぐ。ダイヤル外周には潜水時間を計るための回転式インナーベゼルが備わり、中央の回転ディスクでアラーム時間を設定する。ケース右サイドに居並ぶ３つのリューズは、上がアラーム設定と日付調整用、中央が回転式インナーベゼルの操作用、下は巻き上げと針合わせ用だ。防水性能は３００ｍ。着けたまま安心して海にダイブできる。

＃08
アニュアルカレンダー

パテック フィリップ
年次カレンダー ムーンフェイズ 5205

Cal.324 S QA LU 244/206

センターローター式自動巻きの基幹機

2010年、右のモデルとともに登場した各暦表示ディスクを拡大し、より視認性を高めた年次カレンダーモジュールが備わる。ベースムーブメントのCal.324は、2004年に誕生した基幹ムーブメントの1つ。3.3mm厚の薄型ながら精度と耐久性とに優れる。

ブルーの濃淡が、ダイヤルで繊細に移ろう

美しいブルー・ブラック・グラデーションダイヤルを、年次カレンダーに採用。6時位置にはカレンダー修正の目安となる24時間表示も備わる。自動巻き。径40㎜。18KWGケース。アリゲーターストラップ。

視認性に優れる並列暦表示

アニュアル（年次）カレンダーがパテック フィリップによる発明であることは前に述べた。ファーストモデルが誕生したのは1996年。そのカレンダー表示は、76ページで紹介したモデルと同じ、日付は窓表示、曜日と月はインダイヤル式であった。各暦表示を歯車で送るアニュアルカレンダーは、表示位置の変更が容易。パテック フィリップのアニュアルカレンダー搭載モデルには、各暦の表示方法や位置が異なるバリエーションが存在する。このモデルでは、日・日付・月の各表示窓がダイヤル上部に扇形に並列され、全表示が一目瞭然だ。各窓をダイヤルの円弧にぴったりと合うよう配置し、さらに窓形状を扇形とすることで、ダイヤルと完璧に調和させているのは、お見事である。

#09
クロノグラフ

オメガ

スピードマスター・ムーンウォッチ

▼

Cal.3861

カム式クロノグラフの名機を現在に継承

ベースとなったCal.1861はコラムホイールに代わり、写真の左下に見えるカムが回転し、レバーやハンマーを操るカム式の名機。その前身である1968年に登場したCal.861の基本設計を継承しながら、最先端技術で１万5000ガウスの強耐磁に進化させた。

ムーブメントの雄姿を裏蓋に見せる

現行プロフェッショナルは、風防素材違いのバリエーションを展開する。このサファイアクリスタル仕様は、プロフェッショナル初のシースルーバックを採用した。手巻き。径42㎜。SSケース。カーフストラップ。

月面への第一歩の伝説を継ぐ

ＮＡＳＡのアポロ計画で実際に月面に降り立った「スピードマスター」の、これは後継機である。月に至ったモデルが搭載していたのは、84ページで紹介したキャリバー321。それが１９６８年にキャリバー８６１に、１９９７年にそれをロジウム仕上げした１８６１に置き換わったが、ＮＡＳＡの公式装備品であり続け、その市販モデルには「プロフェッショナル」のミドルネームが冠されてきた。この現行プロフェッショナルは、２０２１年に誕生。キャリバー１８６１のひげゼンマイをシリコン製に、脱進機を非磁性体だけを用いた独自のコーアクシャル脱進機に置き換え、1万５０００ガウスの強耐磁を実現している。そして歴代プロフェッショナルの意匠を継承し、ムーンウォッチの伝説を継ぐ。

#10
トゥールビヨン

グランドセイコー

Kodo
コンスタントフォース
トゥールビヨン

▼

キャリバー9ST1

先進技術を注ぎ込み、2つの高精度機構を実現

脱進機は超精密成形技術MEMSでスケルトン構造とし、コンスタントフォースのストップ車は高精度に切削加工されたセラミック製。世界初の機構には、先進技術が注ぎ込まれる。ブリッジや各パーツは、彫金技術を応用して一段上の審美性が与えられている。

宙に浮くかのように回る二重キャリッジ

革新的機構の両サイドを開き、回転する様子を見せている。内側のキャリッジには人工ルビーを1つ取り付け、秒針を兼ねさせた。手巻き。径43.8㎜。Pt＋ブリリアントハードチタンケース。姫路黒桟革ストラップ。

高精度機構をダブルで搭載

時分針をオフセットしたスケルトンダイヤルは、グランドセイコーとしては極めて異例である。その6時位置で堂々とした姿を見せているのは、ブランド初のトゥールビヨン。しかもキャリッジは二重構造で、外側のキャリッジには、その回転でバネに蓄えた一定のトルクを脱進機に送るコンスタントフォースが備わる。重力の影響を平均化するトゥールビヨンと、均一のトルクで時計を動かすコンスタントフォースは、ともに精度向上が目的の複雑機構。これらの同時搭載は他社にもあったが、2つを同軸に置いたのは世界初だ。誕生した2022年には時計界で最も権威のあるプライズ、ジュネーブ・ウォッチ・グランプリで卓越した高精度時計に贈られるクロノメトリー賞に輝き、実力が世界に認められた。

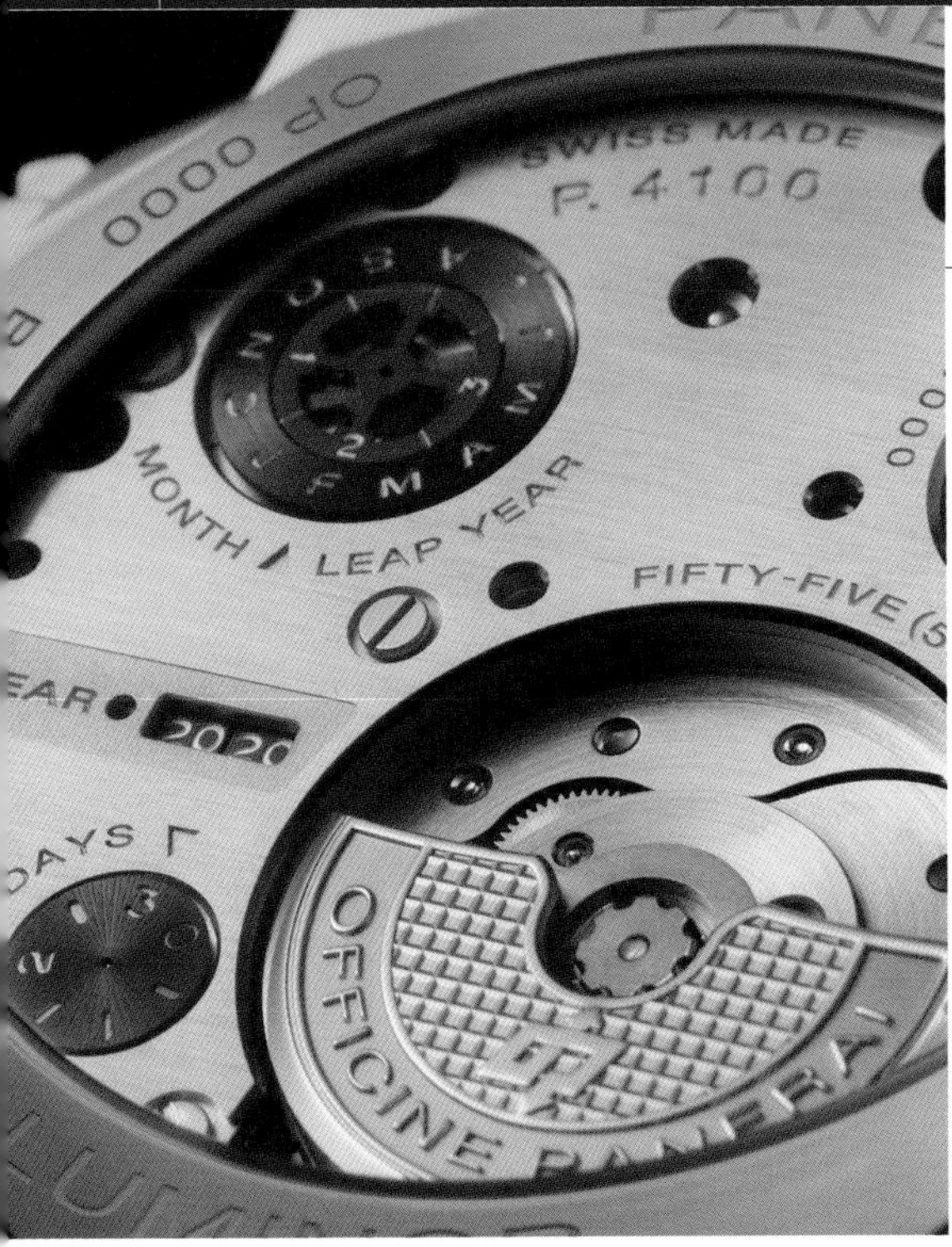

＃11
パーペチュアルカレンダー

パネライ

ルミノール
パーペチュアル カレンダー
ゴールドテック™

Cal.P4100

裏蓋側にも技ありな新自社製ムーブメント

マイクロローターを比重が大きな22金製とすることで、巻き上げ効率を向上。ディスク式の月表示の内側には、閏年表示が備わり、さらにその下には４桁の西暦表示も装備する。暦がズレた際も、主時針だけを１時間刻みで進められる機能を使って合わせられる。

外装の美しさでも秀でる初の複雑機構

ブルーダイヤルが、繊細なサンレイ加工で煌めく。ケースは鮮やかな赤みが色褪せない独自の18金製で、サテンとポリッシュとに仕上げ分けている。自動巻き。径44㎜。ゴールドテックケース。アリゲーターストラップ。

ＧＭＴと全暦表示が連動

パネライは２００５年から、さまざまな自社製ムーブメントを生み出してきた。パーペチュアルカレンダーが実現されたのは、２０２２年。一目でパネライの時計だと分かる特徴的なダイヤルデザインを極力損なわぬよう、日付と曜日の各表示窓を3時位置に並列。そしてこの機構には不可欠な月表示を裏蓋側に置いているのが実にユニークである。さらに時分針と同軸に、12時間式のＧＭＴ針を装備。主時針側はリューズで1時間刻みで前後に動かせ、現地時間に合わせられる設計で、各暦表示も連動するというのは、極めて革新的だ。第2時間帯の表示が不要な時にはＧＭＴ針と主時針が重ねられ、ダイヤルがすっきりする。またスモールセコンドと同軸には、ホームタイムの24時間表示が備わる。

＃12
ミニッツリピーター

オーデマ ピゲ

CODE 11.59 バイ オーデマ ピゲ ミニッツリピーター スーパーソヌリ／41ミリ

▼

Cal.2953

ムーブメントはあくまで伝統に則る

各パーツごとにブリッジを分割し、調整を容易とする高級時計の古典を踏襲。ハンマーの調速を担うガバナーも、歯車とレバー、スプリングを組み合わせた伝統的な機械式を採用する。その機構自体も、M字型のスプリングを新考案し作動音を軽減している。

時を打つパーツの動きを透かし見せる

ダイヤルにスモーキーなサファイアクリスタルを採用。ミニッツリピーターのカムやラックが透けて見え、それらが連動しながらゴングを鳴らす動きが楽しめる。手巻き。径41㎜。18KPGケース。ラバー加工ストラップ。

豊かな音色で時を知らせる

オーデマ ピゲは創業時から途切れず、リピーター機構の製作技術を研鑽してきた。そして２０１５年、同機構における革新的な構造を生み出した。元来はムーブメントの外周に取り付けられるゴングを、特殊な合金製の音響板に取り付けることで、音色を増幅させたのだ。さらに音色は、音響板と裏蓋との間の空間によってより豊かになる。この革新的な構造を名付けて、スーパーソヌリ。２００６年からローザンヌ工科大学と共同研究をスタートし、楽器製造エンジニアの協力も得て、理想の音色を奏でる構造が完成に至った。スーパーソヌリは、他のミニッツリピーターとは逆に、手首に装着したときに音が大きくなる特性をもつ。また音響板の存在により20m防水も実現。複雑機構の実用性も高まった。

＃13
ラトラパンテ

F.P.ジュルヌ

クロノグラフ
ラトラパンテ

Cal.1518

高級感漂う18KPG製ムーブメント

コンパクトなスイングピニオン式とすることで、パーツの重なりを解消。レバーやハンマーの形状にも、工夫が見られる。作動レバーは太く、耐久性も高い。地板とブリッジは、高級懐中時計に倣った18KPG製。装飾仕上げと相まって高級感を高める。

上質さをも併せもつレーシィな佇まい

２つのインダイヤルをフレームでつないでビス留めし、黒いベゼルにタキメーターを刻んだ姿は、レーシィな印象である。ケースは12.1mmと薄く、装着感に優れる。手巻き。径44㎜。18KRGケース＆ブレスレット。

ラトラパンテを異例の薄さに

ジュネーブを拠点とするフランス人時計師フランソワ・ポール・ジュルヌは、高級時計の古典に学びながら、独創的な機構の数々を生み出してきた。２０１８年、彼が率いるメゾンの市販モデルとしては初のラトラパンテが登場した。そのメカニズムは、ジュルヌらしい独創性が光る。まず主輪列をオフセット化。さらに各パーツの重なりを極力避ける設計とすることで、複雑なラトラパンテムーブメントとしては極めて異例の６・８㎜厚という薄さを実現したのだ。しかもビッグデイトも搭載して。ベースとなるクロノグラフ機構は、リューズ上側のボタン１つで操作するワンプッシュ式。下側のボタンで、スプリット秒針を操作する。ブレスレット一体型の外装も、スポーティかつスタイリッシュだ。

第5章

▼

複雑時計を作る天才時計師たち

いつの時代も、画期的な時計、そして画期的なメカニズムは
「天才」と呼ばれる時計師の頭の中から始まる。
現代の天才時計師は、これまでの偉人たちの仕事に
最大の敬意を払いつつも、自分だけのオリジナリティを加えた
かつて見たことのない超絶機構で時計ファンを楽しませる。

▼
▼
▼
▼

複雑機能を搭載するムーブメントはその パーツ数も膨大。それを組み上げられることができるのは、熟練の時計師だけだ。写真はフランク ミュラーの時計工房にて。

▶ フランク ミュラー

Franck Muller

ラ・ショー・ド・フォン生まれ。時計学校在学中より頭角を現し、3年間で履修すべき単位を1年で取得。卒業後も大手時計メーカーからの誘いを断り、独立した活動の道を歩む。1986年、世界初のトゥールビヨン腕時計を発表。1992年、自らのブランドを設立した。

誰も思いつかない
楽しませる複雑機能

パワフルに時計界を牽引する若きリーダー

現代の時計師のなかで、ある意味彼ほど成功し、カリスマ性を発揮している人物も少ないだろう。いち時計職人にとどまらず、あらゆる方面に非凡な才能を発揮するフランク ミュラーは、大いなる野望の持ち主でもある。今では人気絶頂のブランドを率いるフランク ミュラーだが、彼への絶対評価は1980年代から着実に築き上げられていた。市販モデルとしては世界初のトゥールビヨン腕時計をはじめ、超ド級の複雑時計で真の実力を世界にアピール。1992年にブランドを立ち上げてからも、トリプルタイマーやルーレットウォッチなど個性派モデルを次々と発表し、スイス時計業界に刺激を与え続けている。一方では、ジュネーブサロンを飛び出し、独自の新作発表会を主催。さらに、若手時計職人育成のためのウオッチランドを建設するなど、エネルギッシュな活動を続けている。

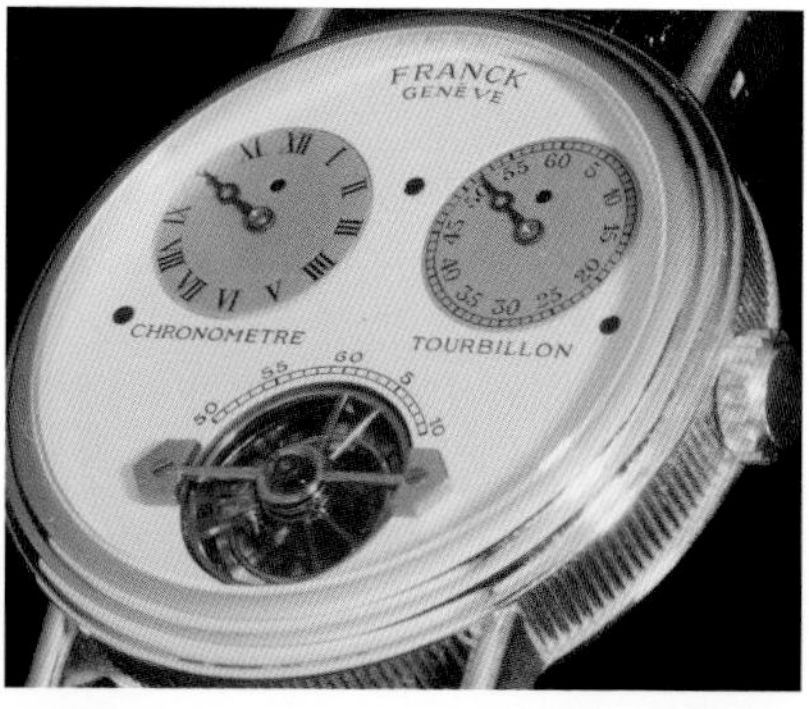

1986年発表のレギュレータータイプのジャンピングアワー機能付きトゥールビヨン。

▶ クルト・クラウス
Kurt Klais

超永久カレンダー「ダ・ヴィンチ」開発

IWC 社のムーブメント開発責任者で、超永久カレンダー「ダ・ヴィンチ」の開発を担当。1985 年に発表されたダ・ヴィンチは、西暦 2499 年までのカレンダー機構をもち、西暦を 4 桁で表示する。これは究極の永久カレンダーであると同時に、それまでクォーツ勢力に押されていた機械式時計の可能性を全世界に見せつけたモデルでもあった。また 2000 年には、往年のメカニズムの良さを取り入れた「キャリバー 5000」の開発にも成功。まさに IWC の頭脳である。

IWCに技術者として入社以来、40年以上ムーブメント開発に携わる。1980年代には永久カレンダー「ダ・ヴィンチ」の開発を担当し、2000年には4年の歳月をかけて開発した自動巻きムーブメント「キャリバー 5000」を発表した。

▶ ミシェル・パルミジャーニ
Michel Parmigiani

歴史的名品を蘇らせる屈指の時計修復師

ブレゲの同調時計をはじめとする数々の歴史的名品を蘇らせた、スイスでも屈指の時計修復師として知られる。長い歴史が培ってきた文化遺産を後世に伝えることができる彼の技術力は、まさにスイス時計界の至宝といえる。1996 年には、自らのブランド「パルミジャーニ・フルリエ」を設立。彼の製作する時計はディテールにまで手の込んだ精緻な技が施されており、随所に独特のこだわりが見られる。そのすべてがまるで芸術作品のように美しい。

スイスのクヴェに生まれる。1976年に時計修復やムーブメント開発などを行う会社を設立。歴史的傑作の修復などを数多く手掛け、“神の手をもつ時計師” と呼ばれる。1996年、ブランドを設立し、1998年SIHHで初登場した。

フランソワ-ポール・ジュルヌ
Francois-Paul Journe

超絶機構のレゾナンスで比類なき独創性を発揮

仏マルセイユに生まれる。14歳で時計学校に入学し18歳で学位を取得。在学中にアンティーク修復に携わり、時計の歴史のすべてを吸収した。1999年、ジュネーブにモントル・ジュルヌ社を設立し、独自の創作活動を行っている。

顧客の注文によって、個々の時計を自らの工房でデザインし、すべての部品からたったひとりで作り上げることのできる、数少ない職人のひとり。1985年、フランソワはパリのヴェルヌイユ通りで、時計コレクターのために複雑時計の製作を始めた。1999年にはジュネーブに会社を設立して本格的なオリジナルコレクションの製造を開始。1つの香箱で2つの輪列を動かし、共振システムを応用したレゾナンスは、ジュルヌの才能を世に広く知らしめた超絶機構だ。

アントワーヌ・プレジウソ
Antoine Preziuso

創造性豊かな時計を作り続ける時計師

ジュネーブ生まれ。7歳にして早くも時計の組み立てに成功し、ジュネーブ時計学校を首席で卒業。その後、1981年に独立。ジュネーブ郊外の工房で、息子のフローリアンと時計の開発、製造を行っている。

ミニッツリピーターやトゥールビヨンなどの超複雑ムーブメントを組み立てることのできる、天才時計師のひとり。ちょっとエロティックなオートマタ（仕掛け時計）で有名で、コレクターズアイテムとして世界中にファンも多い。彼の魅力は、なんといっても徹底した職人気質であろう。パーツの組み立てからケースポリッシュに至るまですべて手作業で行い、年間生産量もごくわずか。現在は時計師の息子とともに、さらなる活躍が期待されている。

スヴェン・アンデルセン

Sven Andersen

自由な創作活動を続けるワールドタイマーの権威

パテック フィリップで複雑時計部門の技術者として活躍した後、独立。現在もアカデミー(独立時計師協会)のメンバーのひとりとして、自由な創作活動を続けている。「どんなに優れた機械であっても、使い手の満足できるものでなくてはならない」という哲学のもと、「ワールドタイム」に代表される実用機能を搭載した個性的モデルを製作。多くのコレクターに熱望される逸品を、コツコツと作り続けるマイペースな姿勢は、まさに孤高の時計師である。

デンマーク生まれ。1963年にスイスに移り、時計職人を目指した。その後、パテック フィリップ社のコンプリケーションウォッチ部門の技術者となる。1984年には、ジュネーブ・ロレーヌ河近くに自らの工房を設立した。

ヴィンセント・カラブレーゼ

Vincent Calabrese

ムーブメントを自在に操る異色の天才時計師

ヴィンセント作品のなかで最も有名なのは、両面スケルトンの時計だろう。クリスタルの中に造形的なムーブメントが浮かぶ“空間時計”は、彼の独創性を遺憾なく発揮したモデルといえる。また、プラチナ製ハンドメイドムーブメントを作ることのできる世界で唯一の時計師でもある。彼の自由な発想と卓越した技術によって生み出される作品は究極の時計芸術ともいわれ、独自のムーブメントを内蔵したユニークなモデルは、ファンを魅了し続けている。

イタリア・ナポリに生まれる。1961年にスイスに移住。’77年に独立し、ローザンヌに工房を設立した。同年に発表したスケルトンの空間時計で金賞を受賞し、一躍、名声を博す。アカデミー（独立時計師協会）の設立メンバー。

ルードヴィッヒ・エクスリン
Ludwig Oechslin

ユリス・ナルダンの驚異の天文時計を製作

大学時代に時計の製作技術や時計学理論を学んだルードヴィッヒは、バチカンの天文振り子時計を修復するなど、時計学理論にあらゆる学問を取り入れた時計製作に没頭。また、ユリス・ナルダンの社長シュニーダー氏の依頼によって、1985年、驚異の天文時計「ガリレオガリレイ」を完成させる。この革新的モデルの登場により、機械式時計の再ブームが起こる。さらに、1988年、1992年に天文時計の第2弾、第3弾も発表。GMT ±機構の特許も取得している。

時計学理論のほかに天文学や哲学、理論物理学なども学び、博士号も取得。ナルダンの再建に乗り出していたシュニーダー社長との出会いをきっかけに天文時計3部作を完成させる。また、2001年には驚愕機構の「フリーク」を開発した。

ジュリオ パピ
Giulio Papi

スイス時計のシンクタンク

スイスのラ・ショー・ド・フォンで生まれたジュリオは、時計学校を卒業した後の1986年にドミニク・ルノー氏と共同で複雑機構の専門工房「ルノー エ パピ」を設立。以降は、さまざまな時計ブランドの依頼によって超絶的な時計を開発してきた。近年もミニッツリピーターで「美しい音」を解析。機械式の伝統に新しい発想を吹き込むアーティストである。現在は、オーデマ ピゲの新マニュファクチュール「オーデマ ピゲ ル・ロックル」のディレクターを務める。

オーデマ ピゲ・ルノー エ パピ（APRP）・ディレクター。1965年スイス、ラ・ショー・ド・フォン生まれ。1984年、時計学校卒業後オーデマ ピゲ入社。その後、ドミニク・ルノー氏とともにルノー エ パピ（APRPの前身）を設立。

フィリップ デュフォー
Philippe Dufour

たったひとりで超複雑時計を作る個人作家

時計学校卒業後は大手時計メーカーに職を得たこともあったが、「自分の名を刻んだ時計を作りたい」との思いから、独立。やがて「グラン・ソヌリ」を完成させ、1992年のバーゼルフェアで初めて発表した。さらに1996年には、２つのテンプをもつ「デュアリティ」、2001年には「シンプリシティー」を発表。ムーブメントのネジから歯車、地板にいたるまですべて自分で磨き上げるという完璧主義に徹した姿勢は、まさに孤高の天才時計師と呼ぶに相応しい。

スイス・ジュウ渓谷に生まれる。ル・サンティエの時計学校を卒業後、ジャガー・ルクルトなどを経て1978年に独立。1992年、バーゼルフェアでグラン・プチ・ソヌリ・ミニッツリピーターを発表。現在、独立時計師協会のメンバー。

ダニエル・ロート
Daniel Roth

ブレゲの名を見事に現代に蘇らせた功労者

クォーツが世界を席巻した1970年代、宝石商ショーメとともにスイスの名門ブレゲの再興に貢献。卓越した時計技術によって、ブレゲの遺産を忠実に再現した。これにより、1980年代に入ると彼の名は、ブレゲとともに語られるようになる。1988年に自らの名を冠したブランドを創設するも2000年に会社を離れ独立。現在は「ジャン・ダニエル・ニコラ」という新ブランドを立ち上げ、時計師としての魂を注ぎ込んだ理想の時計を追求し続けている。

ジャガー・ルクルト、オーデマ ピゲを経て、ショーメと契約を結びブレゲ再興に携わる。1988年に自らの名を冠したブランドを創設。2000年に会社を離れ、新ブランド「ジャン・ダニエル・ニコラ」を立ち上げた。

第6章

時計のメカニズムを作った先人たち

時計によって時間は、宗教や哲学ではなく科学の領域となった。その進化の過程は、科学者や職人たちによる発明の積み重ねだった。

偉大な科学者による発見・発明

時計とは、目には見えない時の流れを視覚化する装置である。そして時間の長さは、天体観測によって導き出された。太陽の動きを観測して1日の周期を調べ、それを24分割した時の長さを1時間と定めたのだ。

1日とはすなわち、地球が自転する周期。その地動説を唱えたガリレオ・ガリレイは、時計の進化にも偉大な功績を残した。1583年、「振り子は、ひもの長さが同じなら、振り幅に関係なく往復にかかる時間は同じ」という、振り子の等時性を発見したのだ。これはひもの長さを調整すれば、求める周期が得られることも意味する。振り子の等時性の発見によって、人類は短い周期を正確に計る術を得た。これを後にガリレオは、時計に応用しようと試みているが、完成には至らなかった。

振り子の等時性を発見した ガリレオ・ガリレイ

1564年2月15日、イタリア・ピサ生まれ。自然現象を実験によって検証する、近代科学の礎を築いた。また木星の衛星や太陽の黒点などを発見し、地動説を唱えた。近代科学の父、天文学の父と今も称賛される。

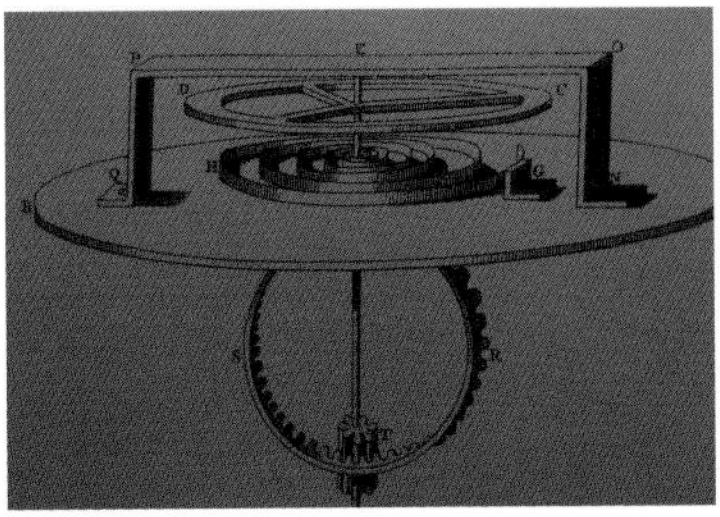

ひげゼンマイによる等時性の確率

ホイヘンスが考案した、ひげゼンマイとテンプの図。台座の上の同軸上にひげゼンマイとテンプが載り、その振動周期で下側の歯車を正確に進めるしくみだ。

世界最古の振り子時計

オランダの「ダッチ・クロックミュージアム」が所蔵する、ホイヘンスが時計職人に作らせた振り子時計の１つ。振り子の取り付け部に振り幅を制御する板が見える。

テンプを発明した
クリスティアン・ホイヘンス

1629年4月14日、オランダ・ハーグ生まれ。土星の環の発見や、光の波動説「ホイヘンスの法則」で知られ、数学・力学・光学・天文学・機械工学で数々の偉大な功績を残した。時計の研究は、天文学の一環だった。

振り子を使った最初の時計の成功例は１６５６年、オランダの科学者クリスティアン・ホイヘンスによって成し遂げられた。彼は、振り子の等時性は、振り幅が極めて小さいときに限られることを発見。そして振り子を２枚の板の間に取り付け、振れる幅を制御することで、極めて正確な振り子時計を作り上げた。

また弾性の法則で知られるイギリスの科学者ロバート・フックは、板バネを螺旋状にしたゼンマイの伸縮でも振り子の等時性は成り立つことを発見している。そしてこれを、時計に応用したとの記録も残る。

同様にホイヘンスも、軸が備わる金属の輪（テンプ）に細いゼンマイ（ひげゼンマイ）を取り付けたものを、振り子代わりとした時計を１６７５年に発明している。これにより時計は飛躍的に小さくなり、携帯可能な懐中時計への道筋が開かれた。

初の携帯時計にして精度の完成形

諸説あるが、1760年前後に完成した「H4」。ハリソン初の携帯時計で、テンプをバイメタルとし、ルビーとダイヤモンドを使用したことで、超高精度を叶えた。

ハリソンの時計に出会える天文台

本初子午線（経度0）が通る、イギリスのグリニッジ天文台。建物内には、タイム・ギャラリーが併設され、ジョン・ハリソンが製作した時計も展示されている。

航海用の正確な時計を作った ジョン・ハリソン

1693年3月24日、イギリス・フォールビー生まれ。父は大工で、自身も同じ道に進む。独学で物理学や機械工学を学び、1713年に初めて柱時計を製作。渡洋航海における経度問題を、高精度時計で解決した。

機械式時計の高精度化に貢献

１７１４年、イギリス議会は航海中の正確な経度測定法に、２万ポンドの賞金を授けることを議決した。

これを見事手にしたのが、ジョン・ハリソンである。彼は、正確な時計を船にもち込み、出航地との時差で経度を測定しようと考えた。課題は、揺れ動く船上での振り子の安定と、移動に伴う温度変化による金属の熱膨張。そこでまず、２つの振り子をスプリングでつなげて振動を安定させる構造を考案。また熱膨張率が異なる２つの金属（バイメタル）で錘を吊るし、温度変化にかかわらず重心位置を一定に保つ振り子をも発明した。さらにルビーやダイヤモンドで摩擦を軽減することも考案し、１７３５年には60日間の海上試験で誤差約５秒という正確さを実現。時計の高精度化に、大きく貢献した。

最初の渡洋航海クロック

1735年に完成したとされる、真ちゅうのフレームに歯車を取り付けた航海用時計「H1」。上に2つ突き出しているのが、互いにスプリングで結び付けられたバイメタルの振り子。

第7章

時計を作った重要人物

時計の発展に貢献した30人のキーパーソン

時を計る道具としての時計——それは、人類の叡智が生み出した結晶でもある。日時計から始まり、振り子時計、懐中時計、腕時計、原子時計へと発展してきた時計の歴史の裏には、多くの偉人たちの存在があった。時計史に確かな足跡を残す30人のプロフィールを紹介する。

01

ジョン・アーノルド

ARNOLD, John
(1736〜1799)

スプリングデタント式脱進機の完成により時計技術が発展

18世紀の時計産業を前進させたイギリス人時計師。高精度のマリンクロノメーターの研究を始めた1768年以降、さまざまな革新的機構を開発。1772年には小型の高精度時計を開発しクロノメーターという名称を初めて打ち立てた。さらに、既存のスプリングデタント式脱進機を改良し、1782年に特許を取得。1787年には息子のジョン・ロジャー・アーノルドとともにアーノルド&サン社を創設した。ブレゲとも技術交流があり、デタント脱進機がトゥールビヨンの完成につながったといわれている。

02

ギュンター・ブルムライン

BLÜMLEIN, Günter
(1943〜2001)

新生ランゲを復活させるなど多大なる業績を残す

ドイツ・ニュルンベルク生まれ。ユンハンスに従事した後、1982年にIWCとジャガー・ルクルトの親会社であるLMHグループの最高経営責任者となる。そこで彼は、IWCからダ・ヴィンチなどの複雑時計を次々と発表し、機械式時計復活に拍車をかけ、1990年にはドイツの古豪ランゲ&ゾーネを蘇らせた。2000年、LMHがリシュモン グループ傘下に入ったのを機に、同グループの高級時計ブランドを統括する責任者に就任。2001年に他界したが、彼が時計界に残した業績は大きい。

03

ルイ・ブラン

BRANDT, Louis

（1825〜1879）

世界的ブランド オメガの礎を築く

オメガの創設者。スイスのラ・ヴレヴァヌに生まれる。1848年、ラ・ショー・ド・フォンに、ムーブメントやケースなどの部品を専門工場から仕入れて時計を完成させる組み立て工場を設立。高精度な時計の量産化を実現したルイは、製品をもって自ら海外へ赴き、市場を拡大することに情熱を傾けた。ルイの長男ルイ・ポール・ブランが経営に参加してからは、会社を「ルイ・ブラン父子会社」と命名。ルイのこの積極的な事業展開が、オメガを世界的ブランドへと成長させる基盤となった。

04

アブラアン-ルイ・ブレゲ

BREGUET, Abraham-Louis

（1747〜1823）

数多くの発明で時計の歴史を 2世紀早めた“時計の神様”

1775年、フランスのパリ・シテ島に工房を開設。1780年に自動巻き機構を開発し、その後も巻き上げ式ひげゼンマイやトゥールビヨン、ゴングスプリング方式のミニッツリピーター、スプリットセコンド・クロノグラフなど、画期的な機構を次々と開発していく。さらにブレゲの発明は、ブレゲ針やブレゲ数字など、デザイン面にまで及び、ギヨシェを初めて時計に応用した。また、多くの職人を束ねて時計を製作するシステムを確立し、王侯貴族らの顧客を獲得するなど経営的な才能も発揮した。

05

ガストン・ブライトリング

BREITLING, Gaston

（生年不詳〜1927）

飛行士に絶賛された世界初の 腕時計クロノグラフを開発

飛行士になる夢をクロノグラフに託して時計会社を創業した父レオン・ブライトリングの遺志を継ぎ、1914年にブライトリングの経営者となる。1915年に世界初のクロノグラフ腕時計を開発。この「30分タイマー」の開発により、パイロットが飛行機を操縦しながら時間を確認できる「計器」としてのクロノグラフが確立した。さらに1923年には、2つのプッシュボタンを搭載したクロノグラフを開発。ブライトリングの方向性を決定づけるとともに、航空用腕時計の発展に大きく貢献した。

06

ルイ・カルティエ

CARTIER, Louis

（1875〜1942）

豊かな才能とセンスで 世界初の腕時計を創造

カルティエ家2代目の長男として生まれたルイ・カルティエは、1898年に共同経営者となる。懐中時計が主流だった時代、彼は腕時計が男性のステータスシンボルになることを確信する。こうして、ブラジル人飛行家サントス・デュモンの要望をきっかけに、1904年、世界初の紳士用ストラップ付き腕時計「サントス」が誕生した。さらに1917年には、不滅の傑作「タンク」を発表。ルイの類まれなる先見性、審美眼、創造性が、近代腕時計史の扉を大きく開け放ったといえるだろう。

07

ジョージ・ダニエルズ

DANIELS, George

（1926～2011）

機械式時計の未来を変える
コーアクシャル脱進機を発明

イギリス・ロンドン生まれ。ノーサンプトン工芸専門学校を卒業後、時計修理工として働く。40歳頃から自らの名を冠した時計製作を開始し、1978年に、コーアクシャル（共軸）脱進機を考案した。これは、アンクルのツメとガンギ車との摩擦を最小限に軽減したシステムで、潤滑油をほとんど必要とせず、脱進機の安定した精度を実現した革新的な機構だった。1999年にはオメガとの共同開発により、コーアクシャル脱進機の量産化に成功。機械式時計の未来を変える衝撃的出来事だった。

08

アーロン・ラフキン・デニソン

DENNISON, Aaron Lufkin

（1812～没年不詳）

アメリカで初めて時計の
大量生産体制を確立

アメリカ最古の時計ブランド、ウォルサムの創設者。アメリカ・メイン州フリーポートに靴屋の息子として生まれる。1850年にマサチューセッツ州ロックスベリーに工場を設立。4年後にウォルサム市に移転し、ウォルサム・ウォッチカンパニーに改称した。彼はまた、アメリカで初めて時計の大量生産を成功させた人物でもあり、型破りな発想の持ち主だったことから“ボストンの狂人”とも呼ばれた。1853年に画期的な8日巻き時計を発表するなど、アメリカの時計史に大きな足跡を残した。

09

ピエール・ジャケ・ドロー

DROZ,Pierre Jaquet

（1721～1790）

18世紀にオートマトンや
自動人形で一世を風靡

18世紀のヨーロッパでは、オートマトン（機械式からくり）が流行していたが、当時最も傑出した技術で名声を博したのが、ラ・ショー・ド・フォン生まれのジャケ・ドローだった。1758年、緻密な細工が施された美しいケースにからくりを備えた複雑時計が、当時のスペイン国王を魅了し、スペイン王室御用達時計師となる。こうして国際的に名を高めたジャケは、オートマトンの製作に没頭。息子アンリ・ルイとともに、絵や文章を綴る驚愕の自動人形なども完成させた。

10

ルイス・エッセン

ESSEN, Louis

（1908～1997）

現在も使用されている
セシウム原子時計の開発に成功

イギリスの国立物理研究所の研究者。イギリスのノッティンガムに生まれ、1928年にロンドン大学で物理学の学位を取得。1938年に開発したクォーツクロックが、天文台の標準時計として採用された。1955年には、アメリカのウィリアム・マルコビッツに続いて、セシウム型の原子時計の試作に成功。原子時計とは、原子や分子固有のスペクトル線の周波数に近いマイクロ波を発生させて原子や分子に当て、両者の周波数が一致したときにマイクロ波の吸収が最大になることを利用した方式だ。

11

ジェラルド・ジェンタ

GENTA, Gérald

(1931〜2011)

時計デザインの伝統を打ち破った鬼才

時計デザイナーとして数多くの一流ブランドの時計を手がけていたジェラルド・ジェンタは、カルティエやオメガなどの名門時計にも、前衛的スタイルを導入。躍動感と存在感にあふれた斬新なデザインは、伝統に縛られていた時計デザインに革命を起こし、クォーツに圧されていた時計界を救ったともいわれている。1978年にジェラルド・ジェンタ社を設立。さらに2001年には新たなオリジナルブランド、ジェラルド・チャールズを創設し、70歳を過ぎても情熱的な創作活動を続けた。2011年逝去。

12

コンスタン・ジラール

GIRARD, Constant

(1825〜1903)

革新性を追求するGPスピリットの原点

生粋の時計職人だったコンスタンは、1852年、ラ・ショー・ド・フォンに時計会社を設立。1856年に社名をジラール・ペルゴとし、持ち前のパイオニア精神で、次々と革新的な時計を開発していった。1867年にスリー・ゴールド・ブリッジ付きトゥールビヨンを発表。1880年には腕時計を製作し、ドイツ海軍に納入したという記録も残されている。コンスタン死後の1906年、ジャン・フランソワ・ボットが1791年に設立した時計工房を譲り受け、現在のジラール・ペルゴへと発展していった。

13

ジョージ・グラハム

GRAHAM, George

(1673〜1751)

シリンダー脱進機やクロノグラフを発明

18世紀、大英帝国が世界の海を牛耳っていた時代、イギリスには偉大な時計師が数多く存在していた。イギリス・カンバーランド生まれのジョージ・グラハムもそのひとりだ。トーマス・トンピオンに師事し、時計技術の発展に影響を与える数々の発明を残す。1715年に直進脱進機（グラハム脱進機）を発明。さらに1721年に、温度変化の影響を受けない水銀補正振り子を考案したほか、クロノグラフやシリンダー脱進機などを次々と開発した。晩年はイギリス王立天文台の技師として活躍した。

14

シャルル・エドワード・ギョーム

GUILLAUME, Charles Edouard

(1861〜1938)

ひげゼンマイの素材である自己補正合金エリンバーを発明

スイス・フルリエ生まれ。チューリヒ工科大学に学んだ後、フランスの国際度量衡局に勤務。1897年、ひげゼンマイの素材に使用される自己補正合金を発明した。それは、温度による膨張率を軽減させた特殊合金で、この発明により時計の精度が格段に向上。1913年から、この合金は商品名「エリンバー」として製造され、ムーブメントメーカーに供給されるようになった。また、鉄、マンガン、ニッケル鋼を使ってインバー合金を発明し、これによって1920年、ノーベル物理学賞を受賞した。

15

ジョン・ハーウッド
HARWOOD, John
(1893〜1964)

20世紀時計産業の原点
自動巻き機構の生みの親

20世紀に開発されたさまざまな時計機構の中で、最も時計界に影響を及ぼした発明といえば自動巻きだろう。この自動巻き機構の開発者が、イギリス人の時計技師ハーウッドだ。自動巻きは18世紀にペルレが考案していたが、腕時計として実用化したのはハーウッドが初めてだった。1924年に特許を取得。この機構はハーウッド・システムと呼ばれ、その後の自動巻き時計の基盤となった。さらに、フォルティスの創業者ヴァルター・フォクト氏という理解者にも恵まれ、1926年に製品化に成功した。

16

服部金太郎
HATTORI, Kintaro
(1860〜1934)

気骨にあふれた
企業家精神でセイコーを創業

日本の時計産業をリードしてきたセイコーの生みの親。商売に志をたてた服部は、京橋の洋品雑貨問屋で奉公中、近くの時計店が繁盛していることに目をつけ、13歳で時計商を思い立つ。その後、時計店で修理と販売の技術を学び、1881年に服部時計店を開業した。さらに1887年に銀座に進出。1892年には時計製造工場「精工舎」を創設し、本格的に時計の製造をスタートさせた。そして1913年には、国産初の腕時計「ローレル」を発表。こうして着実に“世界のセイコー”へと歩んでいった。

17

ニコラス・G・ハイエック
HAYEK, Nicolas G.
(1928〜2010)

スイス時計産業界に
君臨した時計王

クォーツの普及により不振に陥っていたスイス時計産業を救うべく立ち上がったのがハイエックだった。彼は1983年、時計メーカーやムーブメント製造会社など多数の企業を含む巨大なスウォッチ グループを創設。スウォッチの大流行によって、彼の戦略は見事に成功した。1999年にはブレゲやジャケ・ドローなどを買収し、さらなるグループの拡大を図り、17の時計ブランドと160以上のファクトリーを有する同グループの会長として、スイス時計界に絶大な影響力をもっていた。2010年逝去。

18

ペーター・ヘンライン
HENLEIN, Peter
(1479〜1542)

16世紀に携帯時計の
「ニュルンベルクの卵」を製作

ドイツの時計師。1512年に“ニュルンベルクの卵”と呼ばれた初期の携帯時計を製作したとされる。これは、ゼンマイを搭載したもので、連続して40時間作動したとの記録が残るが、真偽は定かではない。当時のドイツ・ニュルンベルクは商工業の中心都市として栄え、時計工業も盛んに行われていた。このニュルンベルクで最も有名だったのがヘンラインである。その後、1565年にはニュルンベルクで世界初の時計師のギルド（同職組合）が設立され、時計師と時計産業の地位が確立されていったといわれている。

19

マックス・ヘッツェル

HETZEL, Max
(1921〜2004)

格段の精度向上を実現した音叉ウォッチの原理を発明

スイスのバーゼル生まれ。1950年以降、ブローバ社の開発技術者として勤務し、エレクトロニクス技術を採用した音叉ウォッチを開発した。これは、金属音叉の共鳴する原理を応用したもので、正確な振動数を得ることができる画期的なメカニズムだった。1960年にアメリカのブローバ社が「アキュトロン」のモデル名で製品化し話題を呼ぶ。その後、ヘッツェルはスイスのエボーシュ社で音叉式ムーブメントを開発。このムーブメントは「モサバ」の名でスイスの時計メーカーに供給された。

20

エドワード・ホイヤー

HEUER, Edouard
(1840〜1892)

一流スポーツウォッチでブランドの名声を不動のものに

1860年、スイス・サンティミエにタグ・ホイヤーの前身であるホイヤー社を創設。先見性に優れていたホイヤーは発明の天才でもあった。1869年、特殊なリューズ式懐中時計で特許を取得すると、テレメーター文字盤やクロノグラフ、スプリットセコンド・クロノグラフなど、次々と特許を取得していった。1889年には、パリ万博でスプリット機能付きポケットクロノグラフが銀メダルを受賞し、ホイヤー社の名は高精度クロノグラフメーカーとして国際舞台に浸透していった。

21

ロバート・フック

HOOKE, Robert
(1635〜1703)

ひげゼンマイとテンプの発明により懐中時計の小型化を実現

イギリスの物理、幾何学者。“ばねに力を加えたとき、変形した大きさと加えた力が比例する”という「フックの法則」で有名だが、時計に関しても革新的な発明を残している。1656年に退却脱進機（アンクル脱進機）を発明。さらに1664年には、ひげゼンマイとテンプを開発した。当時の携帯時計は高さが10cmもある振り子式で持ち歩くには不便だったが、このテンプの開発により小型化が実現。時計の姿勢などの影響も受けにくくなり、日常的に身に着けられる懐中時計へと発展した。

22

アンティード・ジャンヴィエ

JANVIER, Antide
(1751〜1835)

レゾナンス機構を搭載したクロノメータークロックを製作

スイス・ジュラ山地の小さな村に生まれる。幼少時から天文学や数学に興味を抱き、わずか15歳で「動く天球儀」を製作するなど天才ぶりを発揮。1773年にはプラネタリウムの複製をルイ15世に献上し、後にルイ17世の御用達時計師となる。現代のF.P.ジュルヌにも影響を与えたレゾナンス機構のクロノメータークロックをはじめ、イクエーションクロックや潮の満ち引きを示すタイドクロックなど、数々の時計機構を開発。生涯、高精度のクロックの製作に情熱を燃やしつづけた。

23

ダニエル・ジャンリシャール

JEANRICHARD, Daniel

(1665〜1741)

ジュラ地方の時計製造の歴史における第一人者

スイスのル・ブラッシュの農家に生まれる。時計産業の中心地であるこのジュラ地方で、分業システムを最も早く取り入れたのがジャンリシャールだった。イギリス人の馬の仲買人から懐中時計の修理を依頼されたのをきっかけに時計製造の技術を修得。 その時計の修理をしただけでなく、手作業ですべてのピースを作り上げ複製まで作ってしまったという逸話が彼には残されている。1705年にル・ロックルに移ってからは本格的に時計製作に取りかかり、時計産業の発展に貢献した。

24

フロレンタイン・アリオスト・ジョーンズ

JONES, Florentine Ariosto

(1841〜1916)

機械化による製造技術をスイスの時計産業に導入

アメリカ・ボストン出身の時計職人。1868年、スイス・シャフハウゼンでインターナショナル・ウォッチ・カンパニー（現IWC）を設立。彼の開発した「ジョーンズ・キャリバー」は、アメリカで特許を取得したユニークな懐中時計用ムーブメントとして知られている。また彼は、ライン川の水力発電を利用し、オートメーションとスイスの伝統的な精密技術を融合した近代的な時計製造を導入した。1874年にシャフハウゼンの実業家ラウシェンバッハ家に事業を譲り、故郷へと戻っていった。

25

ウォルター・ランゲ

LANGE, Walter

(1924〜2017)

古豪ランゲを蘇らせた新たなる伝説の創造主

名門A.ランゲ＆ゾーネの4代目、ウォルター・ランゲの半生は、まさに激動の連続だった。自社工場は1945年にソ連軍に破壊されると、1948年には東独政府により接収され国有工場となってしまった。西側へと亡命したウォルターは、時計製作をつづけながら時を待った。そして1990年、東西ドイツの統一を機に、彼は40年ぶりにグラスヒュッテの地を踏み当時LMHグループの最高経営責任者だったギュンター・ブルムラインの協力を得て、ランゲを復興。以後は次々と傑作を発表し、再びランゲを世界の最高峰へと押し上げた。

26

フェルディナント・アドルフ・ランゲ

LANGE, Ferdinand Adolph

(1815〜1875)

グラスヒュッテに時計産業を根づかせたドイツ時計の父

A.ランゲ＆ゾーネの創始者。ドイツ・ドレスデンの鉄砲職人の子として生まれ、15歳のときに宮廷付き時計職人、グートゲスの下に徒弟奉公に出る。その後、パリやイギリスなどで学んだ後、グートゲスの工房に戻り共同経営者となる。さらに彼は、国からの融資を受け、1845年、当時貧困にあえいでいたグラスヒュッテに時計工房を設立。農村出身の15名の若者に時計製作の技術を教えた。こうしてグラスヒュッテは次第に豊かになり、ドイツ時計産業の聖地として発展していった。

27

トーマス・マッジ

MUDGE, Thomas
(1715〜1794)

レバー脱進機の発明により携帯用時計の精度が向上

イギリス・デヴォン州生まれ。幼い頃から機械いじりが好きだったマッジは、時計師を志しグラハム工房に入門。後世に残る名作を数多く製作したが、中でも携帯時計用のレバー（てこ）脱進機を発明した功績は大きい。マッジはその発明を独占しなかったため、後に、多くの時計師が独自に改良を加え、より完成度の高い脱進機へと進化させていった。1771年に自分の工房を譲り、その後は高精度マリンクロノメーターの開発に専念。1776年に王室の時計師に任命された。

28

アルバート・ペラトン

PELLATON, Albert
(1832〜1914)

画期的な自動巻き機構のペラトン・システムを開発

1944年、テクニカルディレクターとしてIWC社に迎え入れられる。1940年代後半に独自の自動巻き上げ機構を開発。この機構は、彼の名に因み「ペラトン・システム」と命名された。ハートカムの偏心運動により効率よくゼンマイを巻き上げる画期的な機構として登場したペラトン・システムは、傑作メカとして名高い「キャリバー 85」などに搭載され、1970年代まで製造された。この巻き上げ機構は、2000年にIWCが発表した新ムーブメント「キャリバー 5000」で復活している。

29

田中久重

TANAKA, Hisashige
(1799〜1881)

日本独自の文化が生み出した和時計の傑作、万年時計を考案

“からくり儀右衛門” の愛称で知られる江戸時代後期の発明家。現在の福岡県久留米市に生まれる。土御門（つちみかど）家で天文暦学を学んだ後、1874年頃に京都に移住。四条烏丸に機巧堂を開店し、自ら考案した画期的な照明器具の無尽灯をはじめ、鼠灯や懐中燭台などの製作に本格的に取りかかる。久重は数多くの発明品を残したが、中でも特筆すべきは、1851年頃に製作された和時計の最高傑作、万年自鳴鐘（万年時計）だろう。1873年、東芝の前身である田中製造所を東京に創設した。

30

ハンス・ウィルスドルフ

WILSDORF, Hans
(1881〜1960)

ロレックス王国を一代で築き上げた時計界の鉄人

ドイツ・バイエルン州生まれ。スイスで時計販売のセールスマンとして活躍していた頃にいずれ実用的な腕時計の時代が来ることを確信し、1905年、ロンドンに「ウィルス&デイビス社」を設立。1908年に「ロレックス」ブランドを誕生させた。1910年、腕時計としては初めて自社製品がクロノメーター検査に合格し、ロレックスの精度の高さを証明した。さらに1926年にはオイスター、1931年に自動巻き機構のパーペチュアルを開発するなど、現在の腕時計の基盤を築いていった。

協力ブランド

- A.ランゲ&ゾーネ
- F.P.ジュルヌ(モントル・ジュルヌ・ジャポン)
- H.モーザー(イースト・ジャパン)
- IWC
- アントワーヌ・プレジウソ(一新時計)
- ウブロ(LVMHウォッチ・ジュエリー ジャパン)
- オーデマ ピゲ ジャパン
- オフィチーネ パネライ
- オメガ(スウォッチ グループ ジャパン)
- カール F. ブヘラ(スイスプライムブランズ)
- グランドセイコー(セイコーウオッチ)
- ショパール ジャパン
- ジャガー・ルクルト
- ジャン・ダニエル・ニコラ(シェルマン)
- セイコー(セイコーウオッチ)
- ノモス グラスヒュッテ(大沢商会)
- パテック フィリップ ジャパン
- パルミジャーニ・フルリエ
- フィリップ・デュフォー(シェルマン)
- フランク ミュラー(ワールド通商)
- ブライトリング・ジャパン
- ブレゲ(スウォッチ グループ ジャパン)
- ユリス・ナルダン(ソーウインド ジャパン)
- レゼルボワール(一新時計)
- ヴァシュロン・コンスタンタン

主な参考文献

時計Begin 2001 SUMMER
時計Begin 2001 WINTER
時計Begin 2002 AUTUMN
時計Begin 2004 SUMMER
時計Begin 2005 SPRING
時計Begin 2005 SUMMER
時計Begin 2007 SUMMER
時計Begin 2007 WINTER
時計Begin 2008 AUTUMN
時計Begin 2009 AUTUMN
時計Begin 2009 SUMMER
時計Begin 2009 WINTER
時計Begin 2010 AUTUMN
時計Begin 2011 AUTUMN
時計Begin 2011 SPRING
時計Begin 2012 AUTUMN
時計Begin 2012 WINTER
時計Begin 2013 AUTUMN
時計Begin 2013 SPRING
時計Begin 2014 WINTER
時計Begin 2015 WINTER
時計Begin 2016 AUTUMN
時計Begin 2016 WINTER
時計Begin 2017 WINTER
Beginスーパーアイテム叢書⑥クロノグラフ
傑作腕時計年鑑2006
超弩級複雑腕時計大全
（以上すべて世界文化社）

高木教雄（たかぎ のりお）
ライター。大学では機械工学を学ぶ。1990年代後半から時計を取材対象とし、時計専門誌やライフスタイルマガジンなどで執筆。スイスで開催される新作時計発表会に加え、技術者のインタビューやファクトリー取材を積極的に行う。独立時計師フランソワ・ポール=ジュルヌ著『偏屈のすすめ。』（幻冬舎刊）の監修・解説を担当。時計業界では珍しい理系ライター。難解な機械式時計の機構をわかりやすく解説することにかけては随一。

STAFF LIST

デザイン　下舘洋子（ボトムグラフィック）
校正　安藤 栄／西村 緑
イラスト　ウエイド
編集　市塚忠義
中里 靖（世界文化社）

ビジュアルで身につく「大人の教養」
世界一わかりやすい
腕時計のしくみ【複雑時計編】

発行日　2023年12月30日　初版第1刷発行

著者　髙木教雄
発行者　岸 達朗
発行　株式会社世界文化社
〒102-8187
東京都千代田区九段北4-2-29
電話 03(3262)5124(編集部)
03(3262)5115(販売部)

印刷・製本　中央精版印刷株式会社

ISBN 978-4-418-23223-9